Az éghajlatváltozáshoz való alkalmazkodást szolgáló vízgazdálkodás Magyarországon

OECD
BETTER POLICIES FOR BETTER LIVES

Kérjük, a kiadványra az alábbi módon hivatkozzon:
OECD (2026), *Az éghajlatváltozáshoz való alkalmazkodást szolgáló vízgazdálkodás Magyarországon*, OECD Publishing, Paris, https://doi.org/10.1787/b6cae7ba-hu.

ISBN 978-92-64-36505-6 (Nyomtatott kiadvány)
ISBN 978-92-64-74762-3 (PDF)
ISBN 978-92-64-48586-0 (HTML)

Eredeti kiadás az OECD által a következő címmel: OECD (2026), *Water Governance for Climate Resilience in Hungary*, OECD Studies on Water, OECD Publishing, Paris, https://doi.org/10.1787/1d2657fc-en.

A fénykép forrása: Borító © WeiseMaxHelloween/Getty Images Plus.

Az OECD-kiadványok helyesbítései az alábbi honlapon érhetők el: https://www.oecd.org/en/publications/support/corrigenda.html.

Előszó

Az éghajlatváltozás hatásai legegyértelműbben a vízrendszerekben mutatkoznak meg, hiszen a becslések szerint természeti katasztrófáknak és az éghajlatváltozás hatásainak 90%-a a vízzel kapcsolatos. Nincs olyan ország, amelyet ne érintene az árvizek és aszályok megnövekedett gyakorisága és intenzitása. Magyarország vízkészleteire egyre nagyobb terhelés éri – az árvízveszélynek való fokozódó mértékű kitettségtől az egyre gyakrabban bekövetkező és egyre intenzívebb aszályokig bezárólag. Ez a jelentés arra nézve ad ütemtervet, hogy e kihívások hogyan kezelhetők eredményesebb vízügyi kormányzással.

A jelentés része annak a vízügyi kormányzási OECD-programnak, amely az OECD Regionális Fejlesztési Politikai Bizottságának 2025–2026-os munkaprogramját és költségvetését támasztja alá. A jelentést az OECD dolgozta ki a magyar Energiaügyi Minisztériummal, a Közigazgatási és Területfejlesztési Minisztériummal, valamint a közszféra, magán- és nonprofit ágazatban működő több mint 100 érdekelt féllel folytatott kiterjedt politikai párbeszéd eredményeként. A jelentés a magyarországi vízkészletek állapotát elemzi az éghajlatváltozás, továbbá a gazdasági, társadalmi és környezeti tényezők kontextusában. Áttekinti a magyarországi víz- és éghajlatpolitika intézményi kereteit, majd ebből kiindulva azonosítja a kormányzati igazgatás kapcsán megmutatkozó azon kritikus fontosságú hiányosságokat, amelyek akadályozzák az éghajlathoz való alkalmazkodást szolgáló intézkedéseket, továbbá konkrét ajánlásokat fogalmaz meg a magyarországi államigazgatás minden egyes szintjére.

Az éghajlatváltozáshoz való alkalmazkodást szolgáló vízgazdálkodás Magyarországon az éghajlatváltozáshoz való alkalmazkodást segítő stratégiák és a vízügyi kormányzati keretek között vázol fel explicit kapcsolódási pontokat. A dokumentum a *Vízügyi OECD-tanulmányok* sorozat része, amely a vízügyi kihívásokat különböző témák alapján és különböző területi kontextusokban vizsgálja: a nemzeti szakpolitika párbeszéd szempontjából tárgyalta Brazília (2015, 2017 és 2022), Peru (2021), Argentína (2019), Jordánia (2015), Tunézia (2015), Hollandia (2014) és Mexikó (2013) esetében, helyi szinten végzett mélyreható elemzéseket például Fokváros (2021) esetében, valamint makroregionális tanulmányokat állított össze Latin-Amerikáról (2025 és 2012), Ázsia csendes-óceáni térségéről (2021), afrikai városokról (2021) és OECD-országokról (2011).

A munkát az Európai Unió finanszírozta a Technikai Támogatási Eszközzel, és az OECD hajtotta végre az Európai Bizottság reform és beruházási munkacsoportjával (REFORM) együttműködésben.

Köszönetnyilvánítás

A jelentést az OECD vállalkozásokkal, kkv-kal, régiókkal és városokkal foglalkozó központja (Centre for Entrepreneurship, SMEs, Regions and Cities, CFE) készítette Lamia Kamal-Chaoui igazgató vezetésével, az OECD Regionális Fejlesztési Politikai Bizottság munkaprogramjának és költségvetésének, valamint annak vízügyi kormányzati OECD-program részeként. A jelentést és szakpolitikai párbeszédet az Európai Unió finanszírozta a Technikai Támogatási Eszközzel, és az OECD hajtotta végre az Európai Bizottság reform és beruházási munkacsoporttal (REFORM) együttműködésben. Az OECD titkársága köszönetet mond Mauro Sibiliának és Jan Zimmermann-nak, a REFORM szakpolitikai tisztviselőinek az együttműködésért.

A jelentést, illetve az azt alátámasztó szakpolitikai párbeszédet Juliette Lassman szakpolitikai elemző írta, illetve koordinálta Oriana Romano, a vízügyi kormányzásért, a kék és körforgásos gazdaságért felelős osztály (Water Governance, Blue and Circular Economy Unit) vezetőjének felügyelete alatt. A munka általános irányítását Aziza Akhmouch, a városokért, várospolitikákért és a fenntartható fejlődésért felelős részleg (Cities, Urban Policies and Sustainable Development, CITY) vezetője végezte. Georges Laimé korábbi szakpolitikai elemző a 1. és 2. fejezet társszerzőjeként vett részt a munkában, Szabó Dorottya korábbi gyakornok pedig a jelentés első vázlatához szolgált fontos információkkal. Laurence Côté-Roy tanácsadó és Soo-Jin Kim, a CFE városokért, várospolitikákért és a fenntartható fejlődésért felelős részleg (Cities, Urban Policies and Sustainable Development Division) helyettes vezetője a jelentéshez fűzött megjegyzésekkel segítette a folyamatot. Köszönet illeti az OECD közirányítási igazgatóságának (Directorate for Public Governance) szabályozási szakpolitikai részlegét (Regulatory Policy Division), különösen Kisvárdai Gábor szakpolitikai elemzőt a jelentéshez fűzött megjegyzéseiért.

A jelentés az OECD, a magyar Közigazgatási és Területfejlesztési Minisztérium, valamint a magyar Energiaügyi Minisztérium közötti szakpolitikai párbeszéd eredményeként született meg, melynek során a közszféra, magán- és nonprofit szektorban a magyar kormányzat különböző szintjein működő több mint száz érdekelt fél nyújtotta be észrevételeit. Köszönet illeti mindazokat az érdekelt feleket, akik részt vettek az OECD 2025. március 31. és április 4. között Budapesten tartott tényfeltáró missziójában (lásd az A. melléklet), valamint írásbeli észrevételekkel és visszajelzésekkel szolgáltak.

Az OECD titkársága hálásan köszöni a magyar Közigazgatási és Területfejlesztési Minisztérium (KTM) és az Energiaügyi Minisztérium által a szakpolitikai párbeszéd során tanúsított töretlen elkötelezettséget és szakpolitikai inspirációt. Külön szeretnénk köszönetet mondani Dukai Miklósnak, a KTM önkormányzati államtitkárának, valamint Laib Eszternek, a KTM Önkormányzati Projektkoordinációs Főosztály vezetőjének, akik a minisztériumközi szakpolitikai párbeszédet koordinálták. Hálás köszönet illeti Gólya Petrát, Győri Eliza Máriát, Hugyecz Bettina Lillát és Matyi Tamarát (a KTM munkatársait), valamint Molnár Leventét, Nagyné Sós Idát, Székely Zsófia Borbálát (az Energiaügyi Minisztérium munkatársait) és Táhy Ágnest (az Országos Vízügyi Főigazgatóság munkatársát), akik a szakpolitikai párbeszédet adatokkal, információkkal és magyarázatokkal segítették.

A szakpolitikai párbeszédet két szakértő is segítette véleményével: Ian Barker, az Institute of Water igazgatója és az Egyesült Királyság Környezetvédelmi Minisztérium vízügyekért, földhasználatért és biodiverzitásért felelős volt igazgatója, és Peter Gammeltoft, az EU Duna Régió Stratégia keretében működő dunai tokhal munkacsoport (Danube Sturgeon Task Force) elnöke, az Európai Bizottság vízpolitikai és jogalkotási osztályának (Unit for Water Policy and Legislation) volt vezetője. Hálásan köszönjük a szakértőknek, hogy széleskörű tapasztalataikkal és szakértelmükkel segítették a tényfeltáró missziót, nemzetközi bevált gyakorlatokat ismertettek, továbbá útmutatást nyújtottak a jelentéshez és az abban foglalt szakpolitikai ajánlásokhoz.

A jelentést 2025. december 10-én nyújtották be a Regionális Fejlesztési Politikai Bizottsághoz CFE/RDPC/WGI(2025)4 számon. Az előzetes eredményeket a LIFE LOGOS 4 WATERS projekt „ClimAct2Adapt – Közös fellépés az éghajlatváltozás hatásaival szembeni reziliencia érdekében" c. zárókonferencián mutatták be, Esztergomban, 2025. október 8–9-én. Külön köszönet illeti Jack Waterst, aki a jelentést publikálásra készítette elő.

Tartalomjegyzék

ÁBRÁK

TÁBLÁZATOK

KERETES SZÖVEGEK

Rövidítések

AJBH	Alapvető Jogok Biztosának Hivatala
ÁKT	Árvízkockázat-kezelési Terv
AM	Agrárminisztérium
BBJ	Budapest Business Journal
BM	Belügyminisztérium
CEI	Közép-európai Kezdeményezés
DFRMP	a Duna Árvízkockázat-kezelési Terve
DRBMP	Duna Vízgyűjtő-gazdálkodási Terv
DWD	Ivóvíz irányelv
ÉCsT	Éghajlatváltozási Cselekvési Terv
EEA	Európai Környezetvédelmi Ügynökség
ÉKM	Építési és Közlekedési Minisztérium
EM	Energiaügyi Minisztérium
ENSZ-EGB	az ENSZ Európai Gazdasági Bizottsága
EU	Európai Unió
EUSDR	az EU Duna-régióra vonatkozó stratégiája
FAO	az ENSZ Élelmezési és Mezőgazdasági Szervezete
FCSM	Fővárosi Csatornázási Művek
FVT-k	funkcionális városi térségek
GDP	bruttó hazai termék
HM	Honvédelmi Minisztérium
HUN-REN	Magyar Kutatási Hálózat

HVB	Helyi Védelmi Bizottság
ICPDR	Nemzetközi Duna-védelmi Bizottság
IEA	Nemzetközi Energia Ügynökség
ITVT	Integrált települési vízgazdálkodási tervek
IVOT	Integrált Vízkészlet-gazdálkodási Országos Terv
JKH	járási kormányhivatal
JRC	Közös Kutatóközpont
KAP	Közös agrárpolitika
KJT	Kvassay Jenő Terv
KKB	Katasztrófavédelmi Koordinációs Tárcaközi Bizottság
KKM	Külgazdasági és Külügyminisztérium
KSH	Központi Statisztikai Hivatal
KTM	Közigazgatási és Területfejlesztési Minisztérium
MEKH	Magyar Energetikai és Közmű-szabályozási Hivatal
NAK	Nemzeti Agrárgazdasági Kamara
NAS	Nemzeti Alkalmazkodási Stratégia
NÉS	Nemzeti Éghajlatváltozási Stratégia
NNGYK	Nemzeti Népegészségügyi és Gyógyszerészeti Központ
NVK	Nemzeti Veszélyhelyzet-kezelési Központ
OECD	Gazdasági Együttműködési és Fejlesztési Szervezet
OKF	Országos Katasztrófavédelmi Főigazgatóság
OKT	Országos Környezetvédelmi Tanács
OMIT	Országos Műszaki Irányító Törzs
OVF	Országos Vízügyi Főigazgatóság
OVIT	Országos Vízügyi Irányító Törzs
OVT	Országos Vízgazdálkodási Tanács
PM	Pénzügyminisztérium
PPP	vásárlóerő-paritás

RVGT	Részvízgyűjtő-területi Vízgazdálkodási Tervek
RVT-k	Részvízgyűjtő Vízgazdálkodási Tanácsok
TEIR	Országos Területfejlesztési és Területrendezési Információs Rendszer
TVB	Területi Védelmi Bizottság
TVT-k	Területi Vízgazdálkodási Tanácsok
UWWTD	A települési szennyvíz kezeléséről szóló irányelv
ÜHG	üvegházhatású gáz
VGT	vízgyűjtő-gazdálkodási terv
VIZIG	Területi Vízügyi Igazgatóság
VKH-k	vármegyei kormányhivatalok
VKJ	vízkészletjárulék
WEI+	vízkitermelési index plusz
WFD/VKI	az Európai Unió Víz Keretirányelve
WRI	Világ Erőforrásai Intézet

Vezetői összefoglaló

Magyarország jelentős édesvízkészletekkel rendelkezik, melyeket a nagy folyórendszerek (például a Duna és a Tisza) és a felszín alatti vízkészletek táplálnak. Magyarország erősen függ a más országokból érkező víztől: az édesvízkészletei96%-a határain kívül ered, ezért az ország az uniós tagállamok között az egy főre jutó belső édesvízkészlete alapján alulról a negyedik helyen áll. Magyarországon a vízkészletek mennyiségét is egyre nagyobb terhelés éri, többek között azért, mert az egy főre vetített vízkivétel (amely 2014 óta átlagosan évi 1%-kal) emelkedik Az illegális felszín alatti vízhasználat, valamint több ezer kilométer hosszú csatorna- és árokrendszerrel történő gyors vízelvezetés korlátozza a természetes vízvisszatartást. 2022-ben a közüzemi vízellátó hálózat vízvesztesége – döntően szivárgásból eredően – elérte a22,9%-ot. Magyarország korábban elsősorban az árvíz- és belvíz védekezésre fókuszált, tekintettel arra, hogy területének egynegyede árterület. Az éghajlatváltozás azonban átformálja a kockázati környezetet is: az elmúlt 30 évből 23-ban jelentkezett aszály, és Magyarországon az éghajlattal kapcsolatos gazdasági veszteségek összege 2000 és 2023 között 6,5 milliárd EUR-ra rúgott. Ezeknek a veszteségeknek több mint egyharmada (39%) egyetlen évben 2022-ben következett be, amikor egy történelmi rekordokat döntő aszály az EU 27 tagállama közül a második legmagasabb egy főre jutó veszteséget okozta Magyarországon (lakosonként 253 EUR).

E kihívások leküzdése érdekében Magyarország a vízkészlet-gazdálkodást többszintű rendszerben végzi, amelyben részt vesznek a Duna és a Tisza vízgyűjtő területein, valamint a határokon átnyúló víztestek térségében működő nemzeti szintű, az alegységekből álló működési, illetve illetékességi területek szintjén működő és a települési hatóságok is. A vízgazdálkodásért felelős Energiaügyi Minisztérium, és az Országos Vízügyi Főigazgatóság szakmai közreműködésével több minisztérium érintett a vízpolitika feladatában, amelyet a Vízgazdálkodási Tárcaközi Bizottság, az Aszályvédelmi Operatív Törzs és a Magyar Energetikai és Közmű-szabályozási Hivatal támogat. A határokon átnyúló vízügyi együttműködés a Nemzetközi Duna-védelmi Bizottságon és a hét szomszédos országgal közösen működtetett Határvízi Bizottságokon keresztül zajlik. Szubnacionális szinten 12 Területi Vízügyi Igazgatóság és 12 vármegyei kormányhivatal látja el az operatív és engedélyezési feladatokat, a Vízgazdálkodási Tanácsok konzultációs és tanácsadó platformként szolgálnak az alegységekből álló működési, illetve illetékességi területek szintjén működő és a részvízgyűjtő szintű vízgazdálkodás terén. A 34 állami vagy önkormányzati tulajdonú szolgáltató által nyújtott vízellátási és szennyvízelvezetési szolgáltatásokat a települési önkormányzatok és az állam felügyelik.

Az elmúlt 30 évben jelentős mértékben átalakult Magyarország víz- és éghajlat-politikai keretrendszere, melynek alapját az 1995. évi vízgazdálkodási és környezetvédelmi törvények képezik, és amelyet később az uniós vízügyi irányelvek és a nemzetközi klímacélok formáltak. A 2010-es évek óta új jogszabályok léptek hatályba, amelyek megerősítették a katasztrófavédelmet, konszolidálták a víziközmű-szolgáltatásokat, megerősítették az öntözési keretrendszert, jogszabályban rögzítették az éghajlatváltozás mérséklését, illetve az éghajlatváltozás hatásaihoz való alkalmazkodást, valamint az 1995. évi vízgazdálkodási törvényben meghatározott állami feladatok közé felvették a vízvédelmet és a vízhiány kezelését. A stratégiai dokumentumok (többek között Nemzeti Vízstratégia, a Vízgyűjtő-gazdálkodási Tervek és a Nemzeti Éghajlatváltozási Stratégia) az uniós kötelezettségvállalásokkal összhangban lévő vízügyi és éghajlatpolitikai intézkedések kapcsán szolgálnak átfogó iránymutatással.

A vízkészlet-gazdálkodást gazdasági eszközök, pénzügyi mechanizmusok és információs rendszerek támogatják. Magyarország három faktorból álló díjszabási rendszert alkalmaz, amely a vízkészletjárulékból, a mezőgazdasági vízszolgáltatási díjból, valamint a közüzemi vízellátást igénybe vevő lakossági és nem lakossági fogyasztók esetében alkalmazott díjból áll. A vízzel kapcsolatos közkiadások továbbra is elmaradnak az EU27 átlagától, miközben a finanszírozás jelentős mértékben támaszkodik a vízdíjbevételekre és az uniós támogatásokra.

A fent említettek ellenére a magyarországi vízügyi kormányzás továbbra is erősen fragmentált, és alacsony fokú koordináció jellemzi, ami gyengíti a szakpolitikai koherenciát, a szakpolitikák végrehajtását és az elszámoltathatóságot. Az ismétlődő minisztériumi átszervezések és a felelősségi körök ismétlődő átruházásai gyengítették a vízgazdálkodásban szerepet vállaló országos és szubnacionális kormányzati szervek műszaki kapacitásait. Továbbá a vízvisszatartásra vonatkozó szabályok egyértelműségének hiánya, a vízhiány kezelése, valamint a harmadlagos infrastruktúra tulajdonjogi helyzete működtetési és karbantartási kihívásokat eredményez.. Az alacsony vízdíjak és szennyvízdíjak nem teszik lehetővé a költségek teljes megtérülését, és nem ösztönzik a fogyasztókat a takarékos vízhasználatra, miközben a közműszolgáltatók csak nehezen tudják finanszírozni az alapvető karbantartást és beruházásokat. A gazdasági eszközök (például a vízkészletjárulék) eredményességét gátolják az alacsony díjak és a vízhiányos időszakokban alkalmazható fizetési mentességek. A jogérvényesítés is kihívást jelent, mivel a hatóságok nem rendelkeznek elegendő erőforrással az illegális vízkivétel figyelemmel kísérésére és ellenőrzésére. A helyzetet tovább nehezítik az adatminőség és adat-elérhetőség hiányosságai, az energia-, ipar-, mezőgazdaság-, erdőgazdálkodás- és földhasználat-politikák közötti koordináció korlátai, továbbá a stakeholder-bevonás következetlensége.

Főbb ajánlások

A vízügyi kormányzás megerősítése Magyarországon kulcsfontosságú annak érdekében, hogy az éghajlatváltozás kihívásai közepette biztosított legyen a hosszú távú alkalmazkodóképes vízgazdálkodás támogatása és tényleges érvényesülése. Az OECD vízügyi kormányzásra vonatkozó alapelveivel összhangban a jelentés öt fő területen fogalmaz meg szakpolitikai ajánlásokat.

1. **Az éghajlatváltozás hatásaival szemben reziliens vízügyi kormányzás intézményi alapjainak megerősítése** Javasolt, hogy a vízügyi kormányzási rendszereket az általuk kezelni kívánt kihívásokat szem előtt tartva alakítsák ki Ez azt jelenti, hogy a „funkciók" (pl. a víz szerepe az éghajlatváltozáshoz való alkalmazkodás előmozdításában) legyen irányadó az irányítás „formáira" nézve (pl. döntéshozatali struktúrák, például minisztériumok). Az intézményi alapok konszolidálása a következőket foglalná magában: az intézményi keretrendszert érintő gyakori változások zavaró hatásainak korlátozása; a vízzel és az éghajlatváltozás hatásaihoz való alkalmazkodással kapcsolatos kormányközi együttműködés a megerősítése azzal, hogy a Vízgazdálkodási Tárcaközi Bizottsághoz csatlakoznak további minisztériumok (pl. a Belügyminisztérium, a Külügyminisztérium, a Pénzügyminisztérium (ma: NGM), az Építési és Közlekedési Minisztérium); valamint az éghajlatváltozás hatásaival szembeni rezilienciát szolgáló legfőbb vízgazdálkodási kormányzati szervek kapacitásainak megerősítése.
2. **Gazdasági és szabályozási eszközök alkalmazása a víz iránti kereslet szabályozására**. Javasolt, hogy a vízkészletjárulékot olyan szintre igazítsák, amely a Víz Keretirányelvnek megfelelően lehetővé teszi a költségek megtérülését és a víz árszabályozását, továbbá a nem szándékolt negatív hatásokkal járó támogatások felülvizsgálatát és reformját, valamint a negatív környezeti externáliák megadóztatásának (pl. csapadékvízdíj) bevezetésének mérlegelését. Javasolt továbbá, hogy Magyarország vizsgálja felül a vízjogi engedélyezés során alkalmazott küszöbértékeket és követelményeket, annak érdekében, hogy javuljon a vízhasználatra vonatkozó adatok gyűjtése, és ennek eredményeként megfelelőbb legyen a kereslet szabályozása; alkalmazzon olyan erőforrás-alapú megközelítést a vízügyi engedélyek kibocsátása során, amely

explicit módon foglal magában a vízhiánnyal kapcsolatos megfontolásokat; valamint megfelelő ellenőrzések, jogérvényesítés és szankciók útján erősítse meg a vízügyi szabályozásnak való megfelelést.

3. **A vízbiztonságra vonatozó hosszú távú elképzelés elfogadása**. Javasoljuk egy olyan hosszú távú elgondolás, stratégia kidolgozását, amely a változó éghajlat kontextusában foglalkozik a alkalmazkodóképes vízgazdálkodás kérdésével. Formáját tekintve lehet stratégia vagy terv, és kiemelkedően fontos, hogy egyértelmű célokat a tűzzön ki a magyarországi vízügyre, illetve az éghajlatváltozás hatásaihoz való alkalmazkodásra nézve. Javasolt, hogy ez a stratégia fogja egybe a meglévő vízgazdálkodási terveket és programokat, továbbá támogassa azt, hogy a vízbiztonsági megfontolásokat beemeljék többek között a mezőgazdasági, ipari, energiaügyi és földhasználati szakpolitikákba. Ez a stratégia kiindulópontként szolgálhatna a szakpolitika, a tervezés az operatív célok és a fellépések valamennyi kormányzati szinten történő összehangolásához. Javasolt, hogy Magyarország javítsa a vízzel kapcsolatos adatok minőségét, harmonizációját és részletességét a vízügyi stratégiai elképzelések és a tényeken alapuló vízügyi döntéshozatal támogatása érdekében, valamint biztosítsa, hogy a szakpolitikák fejlesztése és végrehajtása során valamennyi ágazatban és valamennyi kormányzati szinten szisztematikusan megbízható adatokat és információkat használnak.
4. **A többszintű kormányzás megerősítése a helyi sajátosságokra szabott vízpolitikai megközelítések biztosítása érdekében, a decentralizált irányítás és az ellenőrzés összehangolásával, tükrözve a vízellátás és az éghajlati kockázatok területi eltéréseit**. Konkrétabban: javasolt, hogy Magyarország erősítse meg a Területi Vízügyi Igazgatóságok és vízügyi hatóságok kapacitását, lehetővé téve a nemzeti vízügyi célok helyszínre szabott megvalósítását, és mindeközben célzott és feltételekhez kötött pénzügyi támogatással, kapacitásépítéssel, tudásmegosztással és az egymástól való tanulással támogassa a települési önkormányzatokat abban, hogy vízgazdálkodási gyakorlataikat az éghajlatváltozáshoz igazítsák. A területi Vízgazdálkodási Tanácsok mandátumának egyértelműsítése és erőforrásainak kibővítése is hozzájárulna ahhoz, hogy e tanácsok eredményes platformként szolgálják az érdekelt felek bevonását, valamint esetlegesen az alegységekből álló működési, illetve illetékességi területek szintjént történő vízpolitikai felügyelet ellátását. Javasolt, hogy a vízgyűjtő-gazdálkodási tervek a következő ciklusban (2022–2032) tartalmazzanak több helyszínre szabott vízvisszatartási és vízelvezetési intézkedést.
5. **Az átláthatóság, a bevonás és a nyomon követés javítása az integritás és a bizalom szolgálatában**. Javasolt, hogy Magyarország vegye fontolóra annak lehetőségét, hogy a vízügyi, éghajlati és környezeti szakpolitikákkal kapcsolatos információkhoz való nyilvános hozzáférést továbbiakban is elősegíti a közbizalom erősítése érdekében, az elszámoltathatóság javítását, valamint a tényeken alapuló döntéshozatal támogatását. Ezt szolgálhatná például az egyablakos ügyintézési pont, melyen keresztül az érdeklődők vízügyi, éghajlati és környezeti információkhoz juthatnának, valamint annak biztosítása, hogy a független szervezetek vagy kormányzati szervek által összeállított legfontosabb tanácsadói eredményeket szisztematikusan közzéteszik. A vízpolitikák és az éghajlatpolitikák kapcsán a döntéshozatal információkkal történő támogatása és társadalmi elfogadottságának javítása érdekében javasolt, hogy Magyarország szokásos gyakorlatként vonjon be a társadalom minden csoportjából érdekelt feleket, különösen a szakpolitikai ciklus korai szakaszaiban. Például az új jogalkotási javaslatokat megvizsgálhatná egy független szakértői testület abból a szempontból, hogy összhangban áll-e az éghajlatváltozás hatásaihoz való alkalmazkodáshoz kapcsolódó célkitűzésekkel.

1 A víz Magyarországon: Áttekintés és tendenciák

Ez a fejezet Magyarország édesvízkészleteinek főbb jellemzőit, valamint az éghajlatváltozás, a gazdasági és demográfiai folyamatok, valamint a környezeti tényezők által meghatározott legújabb tendenciákat vizsgálja. Bár Magyarországot a vízkészlet szempontjából gazdagnak tekintik, édesvízkészleteinek túlnyomó része a határain túlról származik. Az éghajlatváltozás fokozza a meglévő vízgazdálkodási kockázatokat, különösen az árvizeket és az aszályokat, miközben a megújuló édesvízkészletek összmennyisége csökken. Ugyanakkor a vízkivétel 2014 óta növekszik, amit a népesség csökkenése ellenére a gazdasági növekedés ösztönöz. Előrelépés történt a víz- és a szennyvízelvezetéshez való hozzáférés bővítésében, valamint a vízminőség javításában. A felszíni víztestek ökológiai állapota és a felszín alatti víztestek mennyiségi állapota azonban továbbra is az uniós átlag alatt marad.

Bevezetés

A Közép-Európában elhelyezkedő Magyarországon 1072 felszíni víztest és 185 felszín alatti víztest található (OVF, 2022[1]). A felszíni víztestek az ország területének 1,9%-át fedik le (ez az EU-ban a nyolcadik legmagasabb arány) (Eurostat, 2018[2]), és az ország teljes édesvízkészletének 97%-át teszik ki. A legfontosabb felszíni víztestek közé tartozik a Balaton, Közép-Európa legnagyobb édesvízi tava, és a Hévízi-tó, a világ legnagyobb termálvizes tava. Magyarország a Duna vízgyűjtő területének középső részén fekszik, amely Európa második legnagyobb vízgyűjtő területe, és a Duna Németországból indulva 19 országon átfolyik, majd Románia és Ukrajna területén ömlik a Fekete-tengerbe (1.1 ábra). Az ország a Duna vízgyűjtő területének második legnagyobb részével (11,6%) rendelkezik Románia (29%) után (European Commission, 2025[3]).

1.1. ábra: A Duna vízgyűjtő területén elhelyezkedő országok (km2)

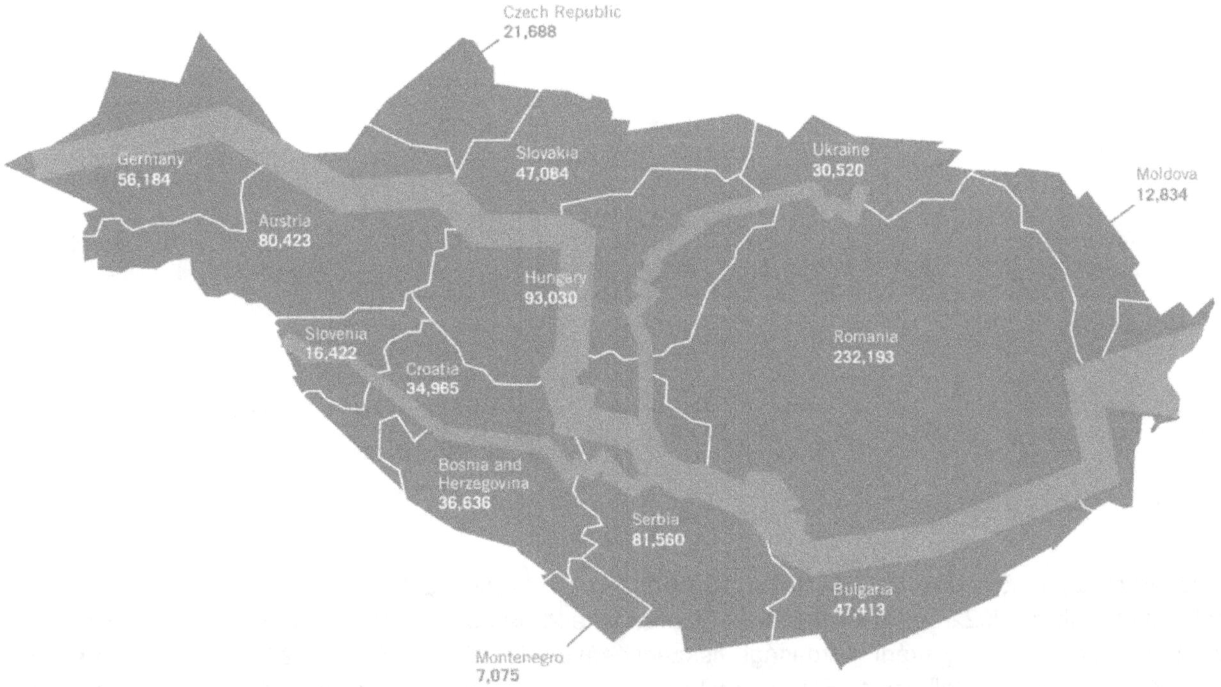

Megjegyzés: A Duna vízgyűjtő területe Albánián, Ausztrián, Bosznia-Hercegovinán, Bulgárián, Horvátországon, Csehországon, Németországon, Magyarországon, Olaszországon, Moldovai Köztársaságon, Montenegrón, Észak-Macedónián, Lengyelországon, Románián, Szerbián, Szlovákián, Szlovénián, Svájcon és Ukrajnán vezet át.
Megjegyzés: Germany = Németország, Austria = Ausztria, Czech Republic = Csehország, Slovakia = Szlovákia, Hungary = Magyarország, Slovenia = Szlovénia, Croatia = Horvátország, Bosnia and Herzegovina = Bosznia-Hercegovina, Serbia = Szerbia, Montenegro = Montenegró, Romania = Románia, Bulgaria = Bulgária, Ukraine = Ukrajna, Moldova = Moldova
Forrás: (ICPDR, 2025[4])

Magyarország gazdag megújuló édesvízkészlettel rendelkezik, de nagymértékben függ a szomszédos országokból érkező vízmennyiségtől. Magyarország az Európai Unió (EU) 23 tagállama közül az egy főre jutó megújuló édesvízkészletek tekintetében a tíz leggazdagabb ország közé tartozik (12 544 m^3) (Eurostat, 2025[5]) Ugyanakkor 2001 és 2020 között ennek az ellátásnak átlagosan 96%-a származott a határain kívülről (HUN-REN, 2024[6]), míg a rendelkezésre álló adatokkal rendelkező EU23 ország közül 16-ban ez az arány 50% alatt volt (Eurostat, 2025[5]). Ez azt jelenti, hogy Magyarországon viszonylag kevés víz keletkezik saját csapadékból és természetes forrásokból, és az ország nagymértékben függ más országokból érkező vízbeáramlástól, ami vízbiztonsági kockázatokat jelent. Jelentős éves ingadozás figyelhető meg, a tényleges külső beáramlás 2000 és 2023 között minimum 83 461 millió m³, maximum 138 599 millió m³ volt (2022-ben Magyarországon a vízkitermelési index plusz (WEI+) szinte megduplázódott a 2019-hez képest, 1,2%-ról 2,3%-ra emelkedett (1.2 ábra). 2000 és 2023 között Magyarország teljes megújuló édesvízkészlete átlagosan évente 3%-kal csökkent. 2022-ben Magyarországon a vízkitermelési index plusz (WEI+)[1] szinte megduplázódott a 2019-hez képest, 1,2%-ról 2,3%-ra emelkedett (EEA, 2025[7]).

1.2. ábra: Magyarország éves külső vízbeáramlása, 2000–2023, millió m³

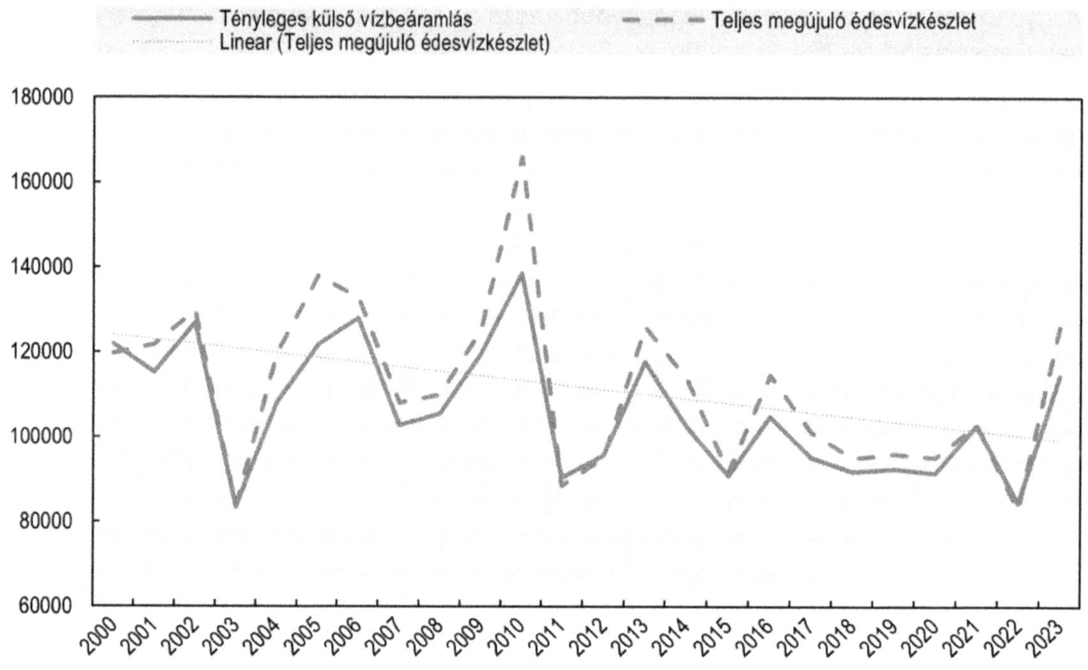

Forrás: Duna vízmérleg (2025)

Magyarországon növekszik a vízkivétel szintje. Bár 2014 és 2022 között a vízkivétel mértéke évente 1,3%-kal nőtt (1.3 ábra), 2022-ben a szint 21%-kal maradt el a 2009-es csúcstól, ami egybeesett Magyarország 2008-as globális válság utáni gazdasági visszaesésével (OECD, 2025[8]). 2023-ban Magyarország az elérhető adatokkal rendelkező 13 EU-ország közül a harmadik legmagasabb egy főre jutó vízfelhasználási szinttel rendelkezett (495 m³) (Eurostat, 2025[9]). Átlagosan a kitermelt víz 20%-a fogyasztásra kerül, és nem kerül vissza az ökoszisztémába (HUN-REN, 2024[6]). 2005 és 2022 között a vízkivétel 89%-a felszíni vízből, a fennmaradó rész pedig felszín alatti vízből származott. A mezőgazdaság (87%) és az ipar (85%) elsősorban felszíni vízre támaszkodik (87%, illetve 85%), míg a közüzemi ivóvízellátás 40%-a felszín alatti vízből származik (OVF, 2022[10]). Az illegális felszín alatti víz kivétel, különösen a mezőgazdaság és ivóvízellátás céljára, a becslések szerint a teljes vízkivétel 16%-át teszi ki (European Commission, 2025[11]). Magyarországon becslések szerint a kutak 10%-a rendelkezik hivatalos engedéllyel (OVF, 2022[1]).

1.3. ábra: Vízkivétel Magyarországon források és ágazatok szerint, 2005–2022

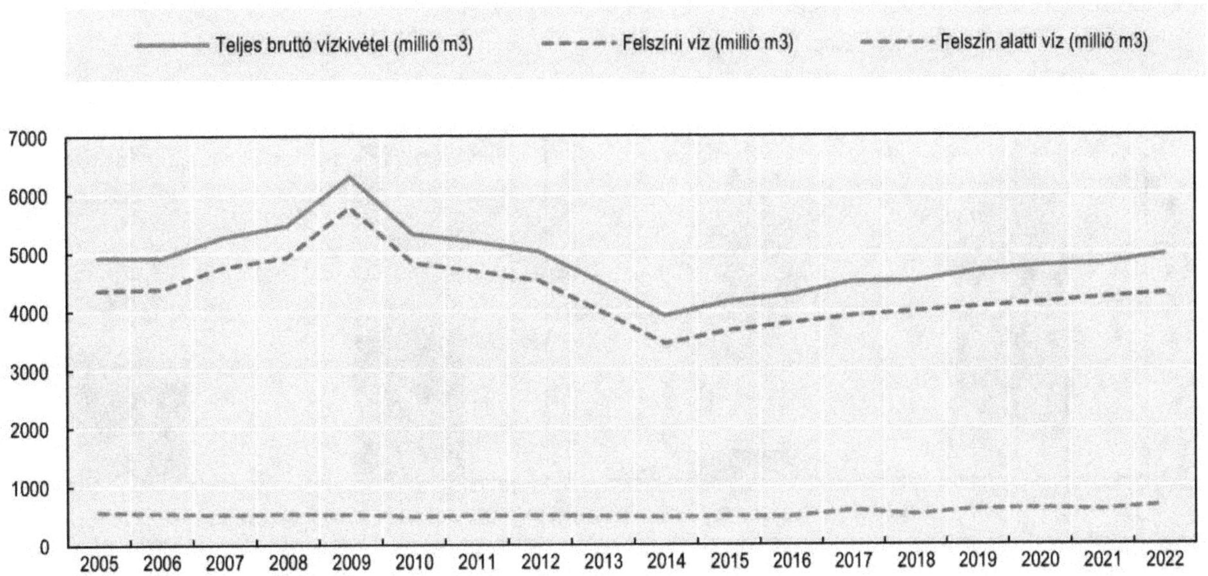

Forrás: (Eurostat, 2025[9]), (FAO, 2025[12])

A vízminőségi kihívások egyre nagyobb veszélyt jelentenek a vízkészletek jó állapotára és a fenntartható vízellátásra (1.1 keretes szöveg). 2021-ben a felszíni víztestek 16%-a volt rossz ökológiai állapotban, a felszín alatti víztestek 19%-a pedig rossz kémiai állapotban, ami meghaladja az EU-átlagot (13%, illetve 14%) (European Commission, 2025[13]). Magyarország harmadik Vízgyűjtő-gazdálkodási Tervében (VGT3) azonosított fő vízszennyező forrás a nem megfelelően kezelt települési szennyvíz, az ipari kibocsátások, és a mezőgazdasági lefolyások.

1.1. keretes szöveg: A felszíni és felszín alatti víztestek minősége Magyarországon

Az EU Víz Keretirányelv (VKI) részeként az EU tagállamai a felszíni víztestek minőségét ökológiai és kémiai állapotuk, a felszín alatti víztestekét pedig mennyiségi és kémiai állapotuk alapján figyelemmel kísérik.

A felszíni víztestek ökológiai állapota Magyarországon javult, de továbbra is az EU átlag alatt marad (1.4 ábra). 2021-ben a magyar felszíni víztestek 11,3%-a volt jó ökológiai állapotban, ami növekedést jelent a 2009–2015 közötti 8%-hoz képest (Bizottság, 2025[14]), de még mindig jóval elmarad az EU 39,5%-os átlagától (Water Europe, 2024[15]). A magyarországi felszíni víztestek kémiai állapota 2015 és 2021 között stabil maradt, a felszín alatti víztestek 46%-a volt jó állapotban, ami meghaladja az EU 29%-os átlagát, és a monitoring hálózat térbeli és időbeli lefedettsége jelentősen javult. A mezőgazdasági tápanyagterhelés a fő diffúz terhelés a magyarországi felszíni víztesteken, de a szélsőséges csapadék vagy árvizek következtében keletkező városi csapadékvíz-lefolyás, a légköri kibocsátások és a bányászat is hozzájárulnak a diffúz szennyezéshez (OVF, 2022[1]). A fő pontszerű szennyezőforrások az ipar (elsősorban a feldolgozóipar) és a települési szennyvízkibocsátás.

1.4. ábra: A magyar felszíni víztestek ökológiai és kémiai állapota

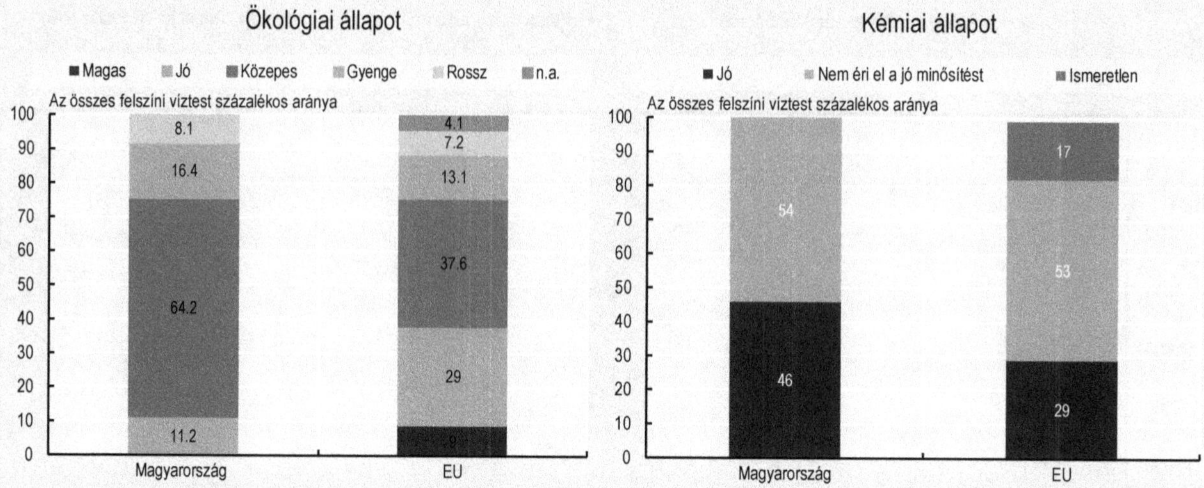

Megjegyzés: Az EU-ra vonatkozó adatok azoknak a tagállamoknak az adatait tükrözik, amelyek elektronikus úton jelentették be az Európai Környezetvédelmi Ügynökségnek (EEA) a Harmadik vízgyűjtő-gazdálkodási terveket, ideértve Ausztriát, Belgiumot, Horvátországot, Ciprust, Csehországot, Dániát, Észtországot, Franciaországot, Németországot, Görögországot, Olaszországot, Lettországot, Litvániát, Luxemburgot, Hollandiát, Lengyelországot, Portugáliát, Romániát, Szlovákiát, Spanyolországot és Svédországot.
Forrás: (OVF, 2022[1]) (Bizottság, 2025[14]), (Water Europe, 2024[15])

2015 és 2021 között Magyarországon a rossz mennyiségi és kémiai állapotú felszín alatti víztestek aránya stabil maradt, de a jó, de veszélyeztetettnek minősített felszín alatti víztestek aránya nőtt (1.5 ábra). 2021-ben a felszín alatti víztestek egyötöde (20%) volt rossz mennyiségi állapotban, ami négyszerese az EU 5%-os átlagának, 19%-uk pedig rossz kémiai állapotban volt, ami meghaladja az EU 14%-os átlagát (Bizottság, 2025[14]). A rossz mennyiségi állapotú felszín alatti víztestek az Alföld keleti részén koncentrálódnak, ahol a felszín alatti víztestek vízszintjének csökkenése egyre nagyobb kihívásokat jelent a mezőgazdaság és az öntözés számára (OVF, 2022[1]). Bár a felszín alatti víztestek jó kémiai állapota 2015 és 2021 között stabil maradt, 79,5 %-kal, illetve 80,5 %-kal, a monitoring módszertanában és annak végrehajtásában fennálló hiányosságok (pl. egyes vegyi anyagok kizárása) bizonytalanná teszik ezt a tendenciát. Az EU-ban a felszín alatti vizekre nehezedő terhelés fő forrásai a diffúz szennyezés, különösen a mezőgazdaságból (32%), valamint a vízkivétel (18%), leggyakrabban a mezőgazdaságból, a közüzemi ivóvízellátásból és az iparból (EEA, 2024[16]). Magyarország felszín alatti víztesteinek jelentős része (60 %) geológiai szerkezetük miatt érzékeny erre a terhelésre. A felszínről származó szennyezés gyorsan beszivároghat a felszín alatti víztestekbe, és a felszínalatti áramlások révén az egész víztestet szennyezheti, gyengítve annak kémiai állapotát (OVF, 2022[1]).

1.5. ábra: A magyarországi felszín alatti víztestek mennyiségi és kémiai állapota

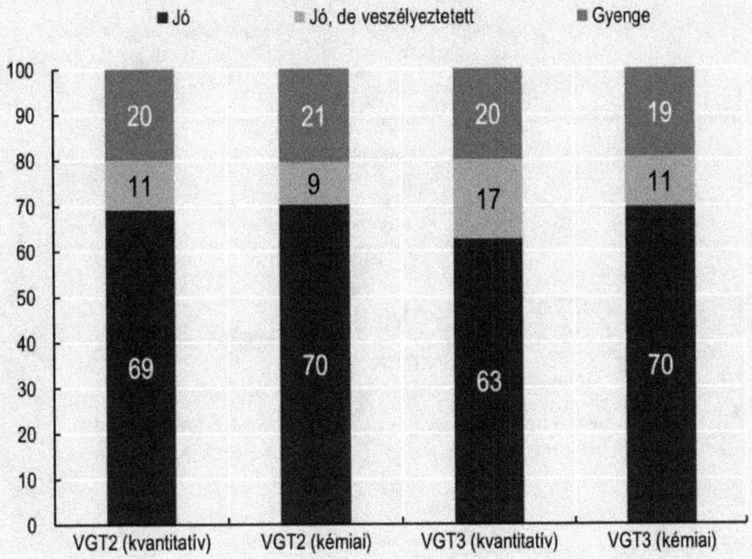

Forrás: (Bizottság, 2025[14])

A felszíni víztestek az EU többi országához képest jelentősen módosított besorolásúak. 2021-ben a felszíni víztestek több mint fele (55%) volt jelentősen módosított, ami több mint négyszerese az EU átlagának (13%) (EEA, 2023[17]). Ez az arány 2010 óta 61%-kal emelkedett, ami az átsorolásnak és a jobb adatlefedettségnek köszönhető. 2010 és 2021 között az erősen módosított folyók aránya 40%-ról 52%-ra, a módosított tavaké pedig 7%-ról 66%-ra nőtt, míg a természetes tavak aránya a fizikai átalakítások miatt felére csökkent (OVF, 2022[1]). A felszíni víztestek mesterségessé válásának mozgatórugói között szerepel az árvízvédelem, a vízellátás, a mezőgazdasági területek védelme, a közlekedési infrastruktúra, az idegenforgalom és a rekreációs területek.

Megjegyzés: Az erősen módosított víztestek azok, amelyek jellegükben jelentősen megváltoztak az emberi tevékenység által okozott fizikai változások következtében, míg a mesterséges víztesteket emberi tevékenység hozta létre.

Víz és éghajlat

A klímaváltozás tovább súlyosbítja a vízbiztonságot fenyegető meglévő veszélyeket Magyarországon. A vízbiztonság a vízhiány, a vízfelesleg, a szennyezés és az édesvízi rendszerek ellenálló képességét aláásó kockázatok kezeléséről szól (OECD, 2013[18]). Magyarországon több tényező, köztük a hőmérséklet emelkedése, a csapadékeloszlás változása, a párolgás növekedése és a Kárpátok magasabb fekvésű vízgyűjtő területein hó és jég formájában tárolt vízmennyiség csökkenése együttesen egyre növekvő és gyakran előre nem látható vízügyi kockázatokhoz vezetett (1.6 ábra).

1.6. ábra: A klímaváltozás Magyarországon súlyosbítja a vízügyi kockázatokat

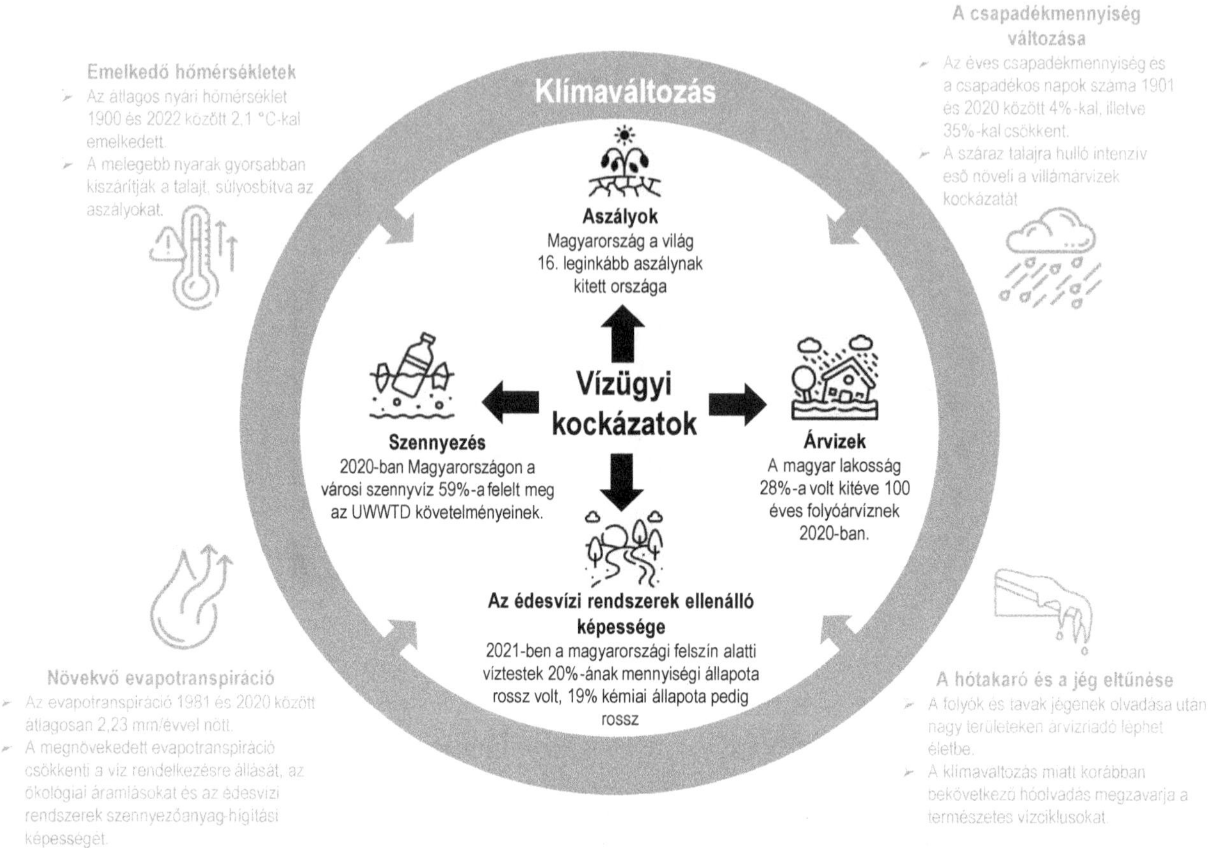

Magyarországon az emelkedő hőmérsékletek és egyre gyakoribb hőhullámok jelentkeznek. Az országban az átlagos nyári hőmérséklet 1900 és 2022 között 2,1 °C-kal emelkedett (Egyensúly Intézet, 2024[19]). Az előrejelzések szerint 2050-re további 1–3 °C-os, 2100-ra pedig 2–6 °C-os szezonális felmelegedés várható (Pongrácz, 2011[20]). A hőhullámok gyakoribbá és intenzívebbé váltak, különösen a városi területeken, ahol a városi hősziget-hatás felerősíti őket. Például 2023 nyarán Budapesten nappal átlagosan 2,5 °C-os hősziget-intenzitást regisztráltak (OECD, 2025[21]). Ez a helyi felmelegedés különösen nyáron a vízszükséglet hirtelen emelkedéséhez vezethet. A Balaton környékén a napi vízfogyasztás hőhullámok idején elérheti a 130 000 m^3-t, ami közel kétszerese az éves átlagnak (BBJ, 2022[23]).

A csapadékmennyiség változó tendenciát mutat: egyre ritkább, de egyre intenzívebb. 1901 és 2020 között a teljes csapadékmennyiség 4%-kal csökkent, míg a csapadékos napok száma 35%-kal esett vissza, ami azt jelenti, hogy hosszabb száraz időszakokat váltanak fel heves esőzések (Egyensúly Intézet, 2024[19]). 2000 és 2024 között a csapadékmennyiség évről évre jelentősen ingadozott 420 mm és 981 mm között (KSH, 2025[22]). Az előrejelzések szerint 2021 és 2050, valamint 2071 és 2100 között a téli és őszi csapadékmennyiség növekedni fog (20–30%, illetve 15–25%), míg a nyári csapadékmennyiség 5–25%-kal csökkenni fog (Pongrácz, 2011[20]), amelyekhez várhatóan gyakrabban előforduló és intenzívebb árvizek, illetve aszályok társulnak. Az intenzívebb csapadékesemények és a hosszabb száraz időszakok együttesen csökkentik a beszivárgás és a felszín alatti vízutánpótlás mértékét. Ez a tendencia veszélyezteti Magyarország közüzemi vízellátásának biztonságát, amely nagymértékben függ a felszín alatti víztől (93,5%), beleértve a karsztvíztárolókat (14,9%) (Eördöghné Miklós, 2014[23]), amelyek különösen érzékenyek az éghajlati szélsőségekre, és olyan nagyvárosokat látnak el vízzel, mint Miskolc és Pécs.

A klímaváltozás olyan fontos hidrológiai folyamatokat is megváltoztat, mint az evapotranspiráció és a hóolvadás. Magyarországon az evapotranspiráció 1981 és 2020 között becslések szerint évi 2,23 mm ±

0,3 mm-rel nőtt (Báder and Szilágyi, 2023[24]), ami a csökkenő vízkészletekkel együtt az aszályok kockázatának növekedéséhez vezethet. A magasabb evapotranspiráció a felszín alatti vízben oldott anyagok koncentrációjának növekedéséhez is vezet, elősegítve a kevésbé oldható szennyező anyagok felhalmozódását (Humphries et al., 2011[25]). Ezzel párhuzamosan, a magasabb átlaghőmérséklet és a rövidebb tél miatt a hóolvadás korábban és gyorsabban zajlik, megzavarva a szezonális vízkészleteket és növelve az árvízkockázatot (Gottlieb and Mankin, 2024[28]). A Duna felső vízgyűjtő területein akár 3 °C-os hőmérséklet-emelkedés jelentősen növelné a hóolvadás okozta árvizek korábbi bekövetkezését (Blöschl et al., 2017[26]; Novaky and Balint, 2013[27]).

Ezek az éghajlati változások egyre gyakoribb és intenzívebb aszályokhoz vezetnek. Magyarország az egyik leginkább aszálynak kitett ország Európában, az EU-ban a 7., világszinten pedig a 16. helyen áll (WRI, 2024[28]). 2000 és 2020 között egész Magyarországon az 1950–2000-es referenciaértékhez képest megnövekedett a szárazság gyakorisága és intenzitása, míg az OECD-országok átlagában ez az arány 64% volt (OECD, 2025[29]). Az elmúlt 30 évből 23-ban aszályos körülmények alakultak ki, ezek közül nyolc évben Magyarország területének 80%-át vagy annál nagyobb részét érintette az aszály. (KSH, 2025[30]). A talajnedvesség[2] szintje 2020 és 2024 között átlagosan 2,3%-kal csökkent (az OECD-országokban átlagosan 1,9%) az 1981–2010-es referenciaidőszakhoz képest (OECD, 2025[31]). A hosszú távú trendek azt mutatják, hogy a leginkább érintett régiók az Észak- és a Déli-Alföld, ahol a talajnedvesség változásának mértéke az országos átlag alatt van (1.7 ábra). Az Alföld nagy részén (96%) 2021 és 2050 között 10–30%-os növekedés várható az aszályveszélyben (Mezősi et al., 2014[32]). Súlyos szárazság esetén Magyarországon a feldolgozóipar termelése akár 9%-kal is csökkenhet, ami körülbelül 3,4 milliárd euró becsült gazdasági veszteséget jelentene (Boffo et al., 2024[33]).

1.7. ábra: Talajnedvesség-változás Magyarországon, 1981–2010 és 2020–2024 között

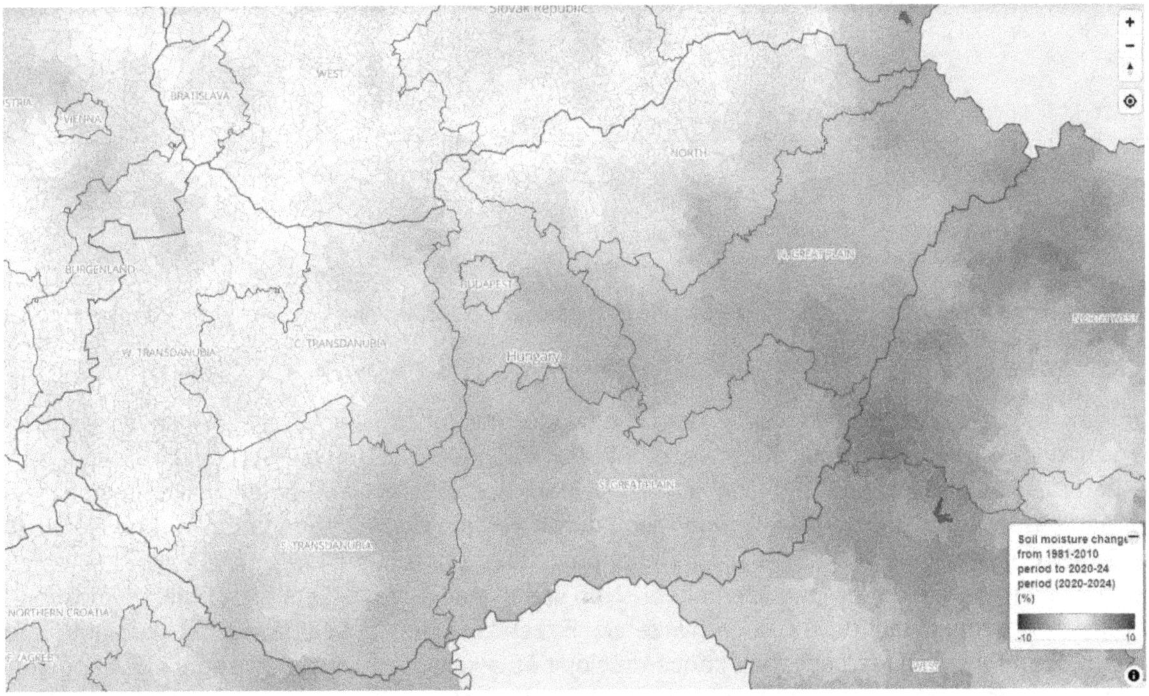

Megjegyzés: Austria = Ausztria, Vienna = Bécs, Bratislava = Pozsony, West = Nyugat, North = Észak, Burgenland = Burgenland, W. Transdanubia = Ny-Dunántúl, C. Transdanubia = K-Dunántúl, Hungary = Magyarország, N. Great Plain = É-Alföld, North West = Északnyugat, Northern Croatia = Észak-Horvátország, Capital of Zagreb = Zágráb főváros, Transdanubia = D-Dunántúl, S. Great Plain = D-Alföld, West = Nyugat.
Forrás: (OECD, 2025[31])

A magyar lakosság árvízveszélynek való kitettsége növekszik, miközben a regionális egyenlőtlenségek és az infrastruktúra sebezhetősége továbbra is fennáll. Magyarország területének körülbelül egynegyede árterületen fekszik, a Tisza árterületei pedig az árvízveszélynek leginkább kitett területek közé tartoznak (European Commission, 2025[3]). 2020-ban a magyar lakosság 27,5%-a volt kitéve 100 éves visszatérési periódusú árvízveszélynek, ami több mint kétszerese (2,1) az OECD-átlagnak és 1,4-szerese az EU-átlagnak (1.8 ábra). Ezzel Magyarország az EU- és OECD-országok között az ötödik helyen áll az árvízveszélynek kitett lakosság arányát tekintve. A kitettség számos régióban növekszik, különösen az Észak-Alföldön, ahol az árvízveszélyes beépített területek 2000 és 2022 között 47%-kal nőttek (OECD, 2025[34]). A magyarországi árvizek által okozott éves városi károk 2010 és 2050 között nyolcszorosára nőhetnek (WRI, 2025[35]). Magyarország árvízvédelmi infrastruktúrája nem felel meg az éghajlati szélsőségek követelményeinek. Az Elsőrendű árvízvédelmi vonal több mint 80%-a nem felel meg a szabványoknak, beleértve a Tisza védelmének 96%-át és a Duna védelmének 43%-át (OVF, 2021[36]). 2030-ig a jelenlegi árvízkockázati kiadásokat körülbelül 2-3,25-szeresére kellene növelni a jelenlegi árvízkockázati védelmi szabványok fenntartása érdekében, tükrözve a városi vagyon, a népesség és a bruttó hazai termék (GDP) árvízkockázatoknak való egyre nagyobb kitettségét (OECD, 2020[37]).

1.8. ábra: A lakosság folyóárvíznek való kitettsége Magyarországon, 2000–2020

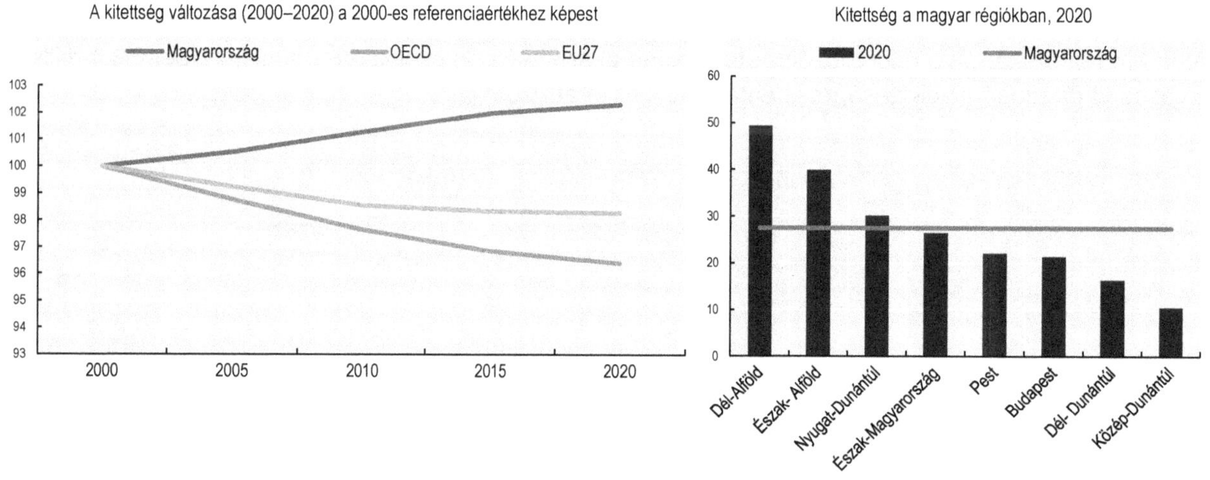

Megjegyzés: Az adatsor 100 éves visszatérési periódusú folyóárvíz-veszélytérképekből származik, amelyek egy adott veszély átlagos vagy becsült ismétlődési idejét mutatják.
Forrás: (OECD, 2025[34])

Az árvizek és az aszályok fokozzák a nem megfelelő vízminőség kockázatát. A heves esőzések a szennyvízrendszerek túlcsordulásához vezethetnek, különösen az olyan városokban, ahol régebbi egyesített szennyvízrendszerek működnek, mint például Budapesten, ami potenciálisan szennyezheti a Dunát és veszélyeztetheti az ivóvízellátó infrastruktúrát, például Budapest dunai szűrőrendszereit (Rudd et al., 2023[38]; Nagy-Kovács et al., 2018[39]; Budappest, 2022[40]). A heves esőzések és árvizek emellett a mezőgazdasági területekről és ipari üzemekből olyan szennyező anyagokat is a víztestekbe mosnak, mint a növényvédő szerek, műtrágyák és vegyszerek. Ezzel szemben a szárazság csökkentheti a folyók vízhozamát, ami a szennyező anyagok koncentrációját és a káros algavirágzást segíti elő, ahogyan az a Balaton 2019-es rekord algavirágzásánál is megfigyelhető volt (Istvánovics et al., 2022[41]). A mikrobiológiai előírások be nem tartásának gyakorisága a kis vízellátó rendszerekben[3] jelentősen magasabb, mint a nagy vízellátó rendszerekben, mivel gyakrabban használnak védtelen vízforrásokat, nincsenek megfelelő vízkezelési technológiák, és a vízkezeléshez és -elosztáshoz nem áll rendelkezésre elegendő erőforrás.

Az éghajlati terhelés fokozódása egyre nagyobb gazdasági veszteségeket okoz. 2000 és 2023 között az éghajlati okokból bekövetkezett gazdasági veszteségek Magyarországon összesen 6 551 millió eurót tettek ki, amelynek több mint egyharmada (39%) 2022-ben keletkezett, amikor az ország történelmi szárazságot és az EU27 országok között a második legmagasabb egy főre jutó veszteséget, lakosonként 253 eurót regisztrált (Eurostat, 2025[42]). A magyar bankszektor ki van téve a természettel kapcsolatos fizikai kockázatoknak, különösen az olyan iparágak esetében, amelyek nagymértékben függnek a felszíni és a felszín alatti vízkészletektől, amelyekre a vállalati hitelek 24,4 milliárd euró (43%) és 23,3 milliárd euró (41%) összege vonatkozik (Boffo et al., 2024[33]). Magyarország az OECD európai országai közül az aszályoknak és az árvizeknek leginkább kitett országok közé tartozik, hasonlóan Németországhoz, ami rámutat a vízügyi kockázatkezelés terén meglévő közös sebezhetőségekre és együttműködési területekre (1.9 ábra). A rendkívüli aszályok jövőbeli gazdasági kára Magyarországon jelentős lehet, a potenciális GDP-veszteség évente 4–7% között lehet. A magyarországi árvizeknek való egyre nagyobb kitettség közvetetten a GDP akár 30%-át is veszélyeztetheti, mivel a meglévő árvízvédelmi infrastruktúra már most sem felel meg teljes mértékben a szabályozási előírásoknak (HITA, 2013[43]; OVF, 2021[36]).

1.9. ábra: Az éghajlattal kapcsolatos gazdasági veszteségek, az aszálykockázatnak való kitettség és a folyóárvizek az OECD európai országokban

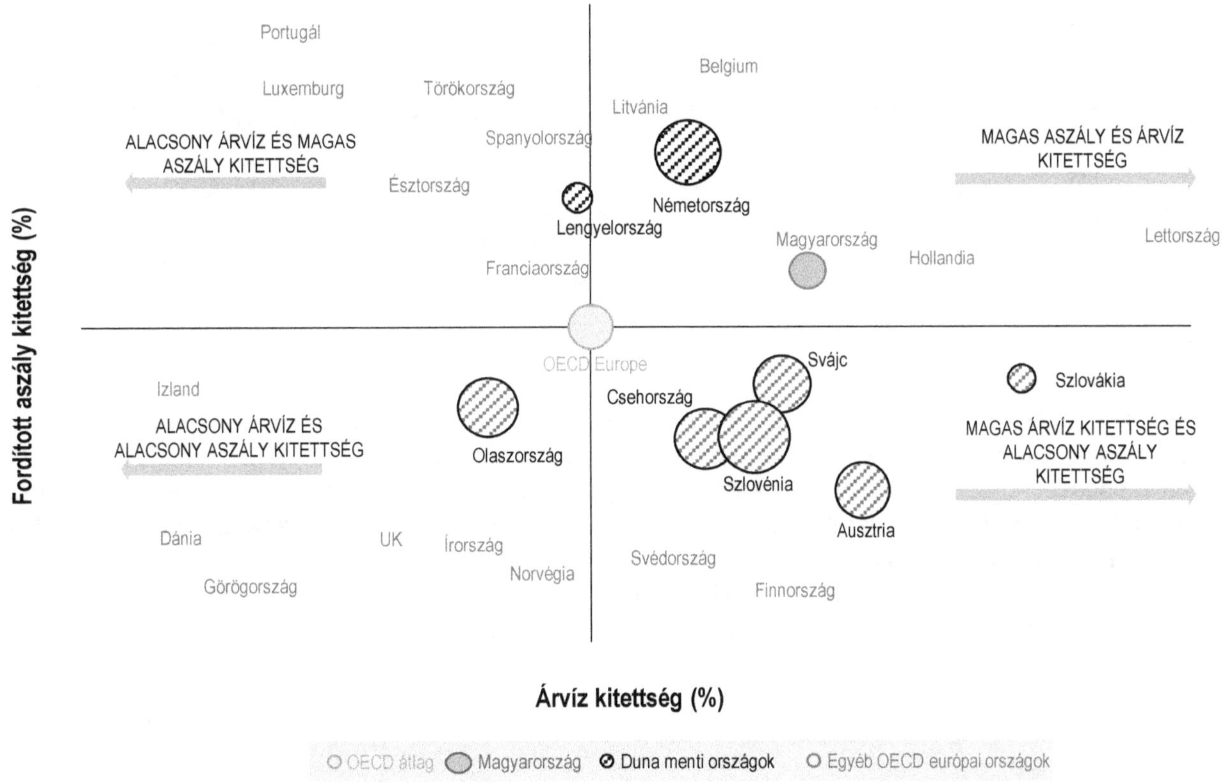

Megjegyzés: A kvadránsokat az OECD európai átlaga alapján határozzák meg minden tengely esetében. Az aszálynak való kitettséget (függőleges tengely) a 2019–2023 közötti időszakra vonatkozó, a 1981–2010-es referencia-időszakhoz viszonyított, fordított átlagos talajnedvesség-anomália alapján mérik. Az árvízveszély (vízszintes tengely) a 2020-ban 100 éves visszatérési periódusú folyami árvizeknek kitett népesség arányát tükrözi. Az egyes pontok területe arányos az ország éghajlati okokból eredő, egy főre jutó gazdasági veszteségének harmincéves átlagával (1992–2022).
Forrás: Az OECD alapján (2025[34])

A víz és a gazdaság

Magyarország gyorsan növekvő, magas jövedelmű európai uniós gazdaság, azonban az egy főre jutó jövedelem az OECD európai országaihoz képest továbbra is alacsony. Az ország GDP-je 2024-ben elérte a 444 milliárd USD-t, az éves átlagos növekedési ráta 2010 és 2024 között 5,3% volt, míg az EU-ban 4,5%. Bár Magyarországot globálisan magas jövedelmű országnak tekintik, 43 393 USD-s egy főre jutó GDP-jével a negyedik legkevésbé fejlett EU-ország Lengyelországhoz és Szlovákiához hasonló szinttel (OECD, 2025[47]). 2010 és 2024 között Magyarország megduplázta egy főre jutó GDP-jét, amely átlagosan évi 5,6%-kal nőtt, jóval meghaladva az EU27 (4,3%) és az OECD (4,1%) országok növekedési rátáját. 2024-ben a szolgáltatások adták a legnagyobb szektorális hozzájárulást (51%) a bruttó hozzáadott értékhez (GVA) Magyarországon (Eurostat, 2025[44]). Bár a szolgáltatási szektor hozzáadott értékben való részesedése 6 százalékponttal nőtt Magyarország 2004-es EU-csatlakozása óta (az EU-ban átlagosan 2,9 százalékponthoz képest), az ipar és a mezőgazdaság megőrizte viszonylag nagy súlyát a magyar gazdaságban (1.10 ábra). Ezek a szektorok a magyarországi bruttó hozzáadott érték 46,2%-át, illetve 2,8%-át tették ki, míg az EU-átlag 40,4%, illetve 1,8% volt.

1.10. ábra: Bruttó hozzáadott érték ágazatonként Magyarországon és az EU-ban, 2024

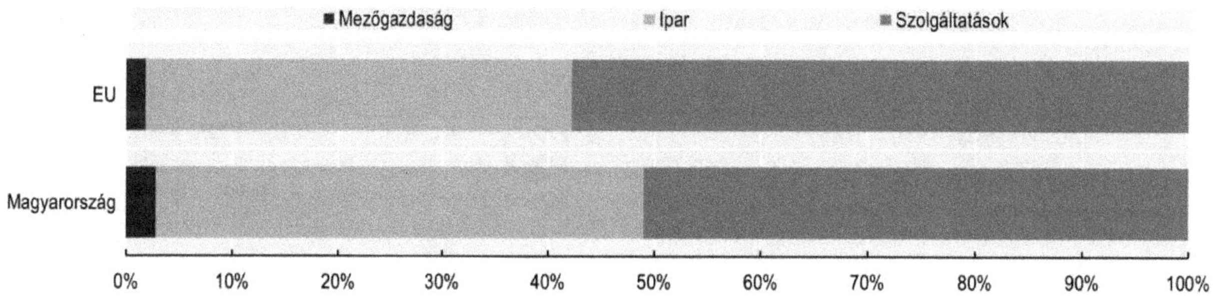

Forrás: (Eurostat, 2025[44])

Bár 2010 és 2022 között minden magyar régió gazdasági növekedést regisztrált, a Közép-dunántúli és az Észak-magyarországi régiók az egy főre jutó GDP leggyorsabb növekedését mutatták, átlagosan évi 7%-os növekedéssel (OECD, 2025[45]) (1.11 ábra). A magyar régiók ágazati specializációjukat tekintve eltérnek egymástól. Budapest és Pest járul hozzá leginkább a szolgáltatások bruttó hozzáadott értékéhez (36%, illetve 11%), míg a Közép- és Nyugat-Dunántúl az iparban vezet (16%, illetve 15%). A legkisebb egy főre jutó GDP-vel rendelkező Dél-Alföld, Dél-Dunántúl és Észak-Alföld járulnak hozzá leginkább a mezőgazdasághoz, 20%, 20% és 17% arányban (TEIR, 2025[46]).

1.11. ábra: Bruttó hazai termék (GDP) és bruttó hozzáadott érték (GVA) a magyar régiókban

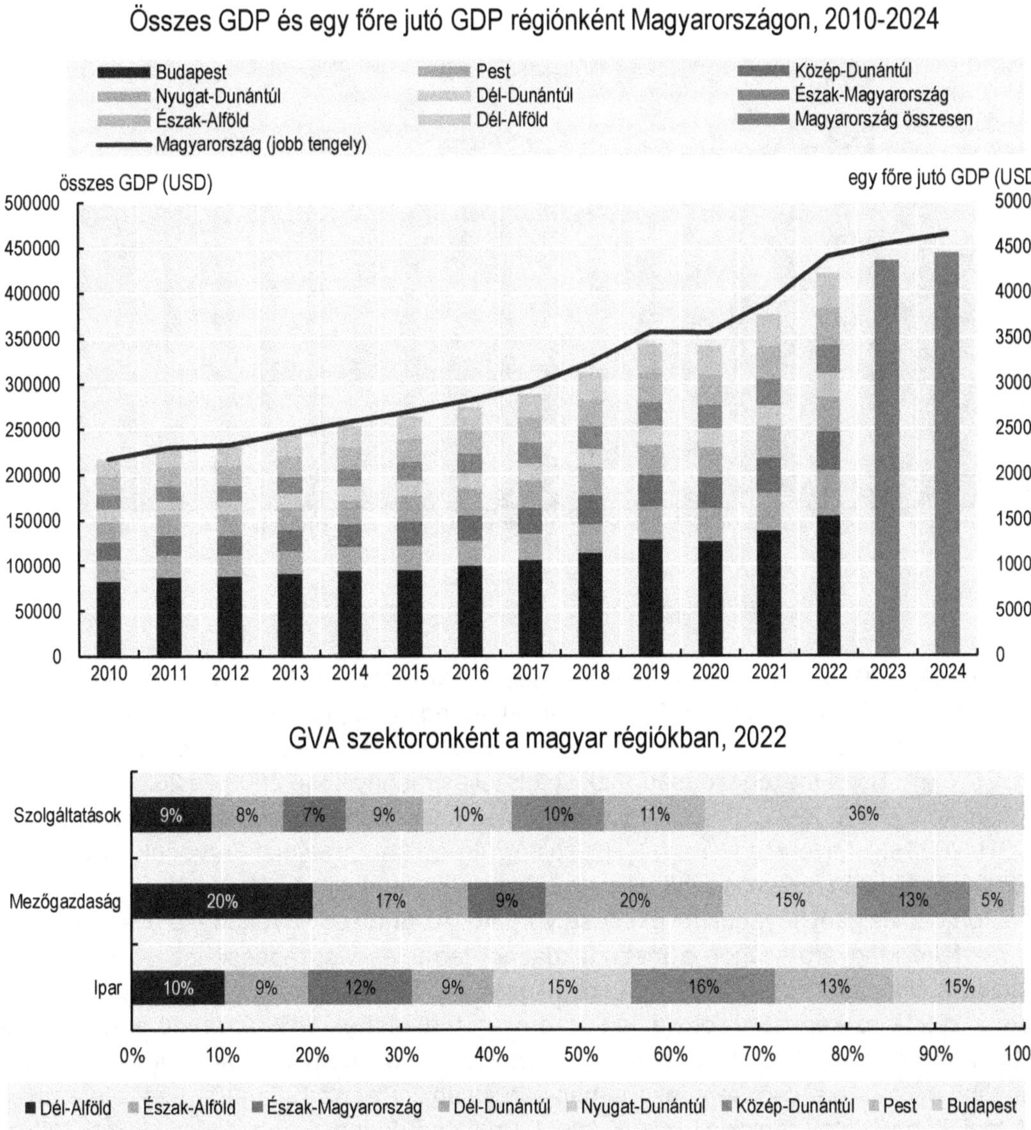

Megjegyzés: A GDP-t vásárlóerő-paritás (PPP) alapján, aktuális árakon kifejezve adjuk meg. Az iparágak közé tartozik az építőipar és a feldolgozóipar, míg a mezőgazdaságba beletartozik az erdőgazdálkodás és a halászat is.
Forrás: (OECD, 2025[47]), (TEIR, 2025[46])

Magyarországon az ipar a vízfelhasználás elsődleges mozgatórugója. 2022-ben az ipar a teljes vízfelhasználás 76%-át tette ki, szemben az EU-ban mért 34%-kal, majd ezt követte a közüzemi vízellátás (18%) és a mezőgazdaság (7%) (1.12 ábra). A magyarországi ipari vízkivétel több mint 90%-át az energetikai szektor adja, elsősorban villamosenergia-alapú hűtési célokra (EEA, 2024[48]). Ez azzal magyarázható, hogy a villamosenergia-termelés összetételét a nukleáris energia (42,3%), a fosszilis tüzelőanyagok (25,4%), a földgáz (18,7%) és a szén (6,5%) dominálják (IEA, 2025[49]). 2009 és 2022 között a villamos energiához kapcsolódó hűtéshez felhasznált vízmennyiség 31%-kal csökkent, ami az ipari vízfelhasználás 30%-os csökkenéséhez vezetett (EEA, 2024[53]). Az erőművekből kibocsátott melegített hűtővíz hozzájárul a folyók hőmérsékletének emelkedéséhez, különösen nyáron, amikor a vízszint és a folyók áramlása a legalacsonyabb. Például 2023 júliusában a paksi atomerőmű kénytelen volt csökkenteni termelését, mivel a Duna hőmérséklete megközelítette a jogszabályban meghatározott 30 °C-os kibocsátási hőmérsékleti határértéket (Reuters, 2024[50]). Az építkezésekhez és a gyártáshoz kivett víz mennyisége 2009 és 2022 között 86%-kal nőtt.

1.12. ábra: A vízfelhasználás megoszlása gazdasági ágazatok szerint Magyarországon, 2000–2022

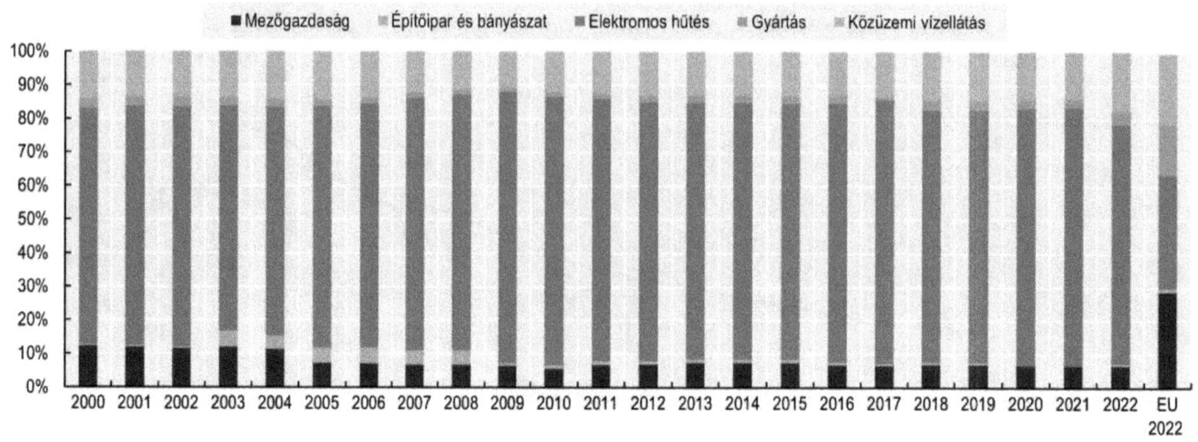

Forrás: (EEA, 2024[48])

A mezőgazdaság 2022-ben Magyarország teljes vízkivételének 6,7%-át tette ki, ami jelentősen alacsonyabb az EU 29%-os átlagánál (EEA, 2024[48]). Az egy főre jutó mezőgazdasági vízkivétel azonban 68,4 m^3 volt, ami az elérhető adatokkal rendelkező EU23 országok közül a hetedik legmagasabb szint (Eurostat, 2025[9])[4]. Bár a mezőgazdasági vízkivétel[5] teljes mennyisége 2009 és 2022 között átlagosan évi 1,1%-kal csökkent (EEA, 2024[48]), az öntözött területek ugyanebben az időszakban átlagosan évi 7%-kal nőttek (KSH, 2023[51]). Mivel Magyarország Közös Agrárpolitikai Stratégiai Tervének (KAP ST) célja, hogy 2020 és 2030 között négyszeresére növelje az öntözött területek kiterjedését (Agroberichten Buitenland, 2020[52]) az öntözővízigény további növekedése várható. Az öntözés növekedése ellenére a közelmúltbeli aszályok mértéke Magyarországon a mezőgazdasági termelés visszaeséséhez vezetett (1.13 ábra). A legmeredekebb éves csökkenés 2022-ben következett be, amikor a szántóföldi növénytermesztés 32%-kal csökkent 2021-hez képest, valószínűleg az ország területének 85%-át érintő súlyos aszály miatt. A hosszú távú trendek azt mutatják, hogy a termőföldek talajnedvesség-tartalma 2019–2023 között átlagosan több mint 2%-kal csökkent (az EU-ban átlagosan 2,7%) az 1981–2010-es referenciaidőszakhoz képest. A leginkább érintett régiók az Észak-Alföld, Pest és Budapest, ahol a termőföldek talajnedvesség-tartalmának eltérése az országos átlag alatt van. Az Észak-Alföld különösen érzékeny a talajnedvesség csökkenésére, mivel a mezőgazdaság a régió GDP-jének több mint 8%-át adja. Súlyos aszály esetén a mezőgazdaságban a legnagyobb termeléscsökkenés várható az összes szektor közül (akár 53%), ami becslések szerint több mint 6 milliárd euró gazdasági veszteséget jelentene (Boffo et al., 2024[33]).

1.13. ábra: Növénytermesztés és talajnedvesség-anomáliák a magyarországi termőterületeken

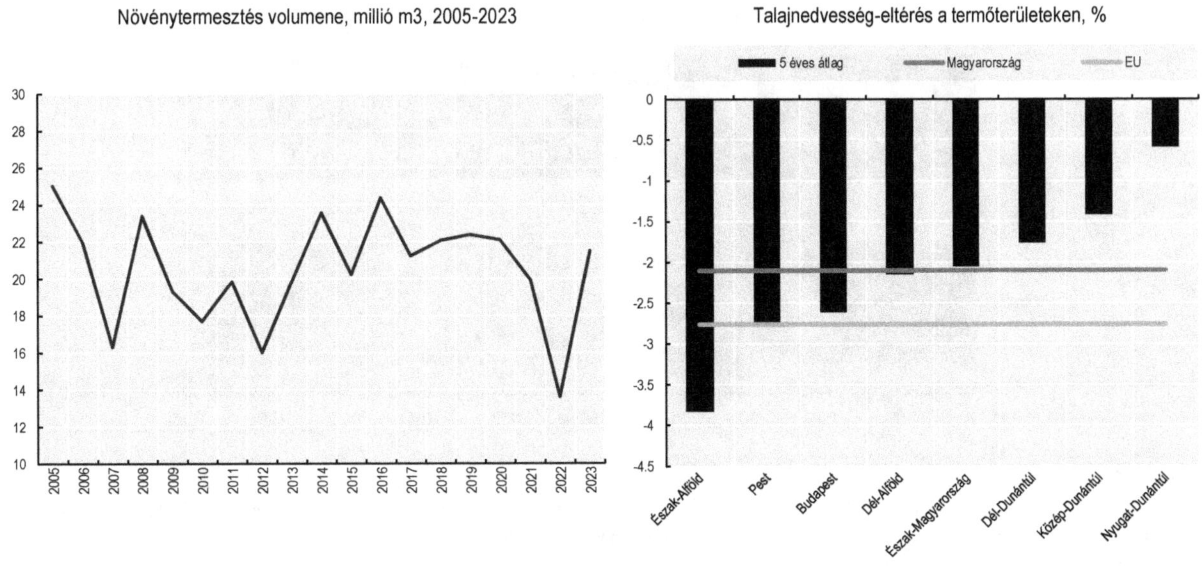

Megjegyzés: A termőföldek talajnedvesség-anomáliáját a 2019–2023 közötti átlaggal mérik, összehasonlítva az 1981–2010 közötti referencia-időszak átlagával.
Forrás: KSH (2022[53]), Eurostat (2022[54]), Eurostat (2021[55]), KSH (2023[56]), KSH (2023[51]), OECD (2025[34])

A mezőgazdaság, az erdőgazdálkodás és a halászat adja a vízfogyasztás legnagyobb részét Magyarországon, amibe beletartozik a kitermelt víz jelentős része, amely használat után nem kerül vissza a környezetbe. 2023-ban a mezőgazdasági, erdészeti és halászati ágazatok a kitermelt víz 83,7%-át használták fel, és Magyarország teljes vízfogyasztásának csaknem kétharmadát (65,9%) tették ki (1.14 ábra) (OVF, 2025[57]). Ezzel szemben az energetikai ágazat (a vízenergia kivételével) a kitermelt víz szinte teljes egészét (99,6%) visszajuttatta a környezetbe. A többi ipari ágazat (feldolgozóipar, bányászat és kőbányászat, építőipar, vízellátás, szennyvíz- és hulladékgazdálkodás) a vízfogyasztás 23,9%-át, a szolgáltató szektor pedig 10%-át tette ki.

1.14. ábra: Vízkivétel és -fogyasztás szektoronként Magyarországon, 2023

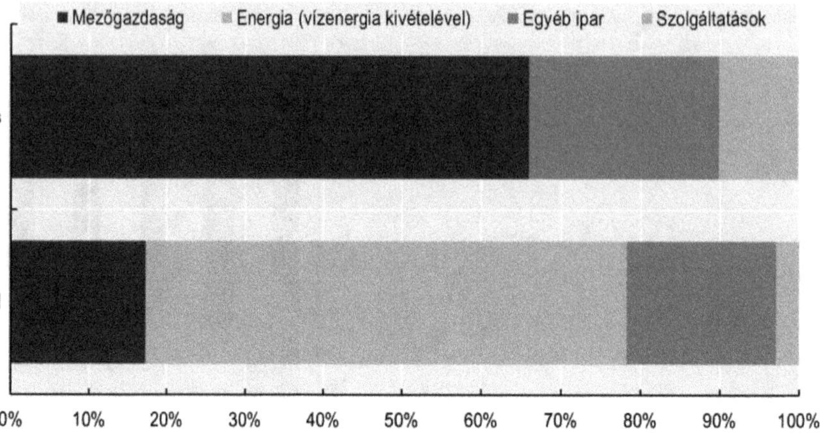

Megjegyzés: Az ágazatokat az EU gazdasági tevékenységek osztályozási rendszere (NACE) szerint kategorizálták. Az „egyéb ipar" kategória a bányászatot és kavicsbányászatot (NACE B), a feldolgozóipart (C), a vízellátást, csatornázást, hulladékgazdálkodást és kármentesítést (E) valamint az építőipart (F) foglalja magában. A „szolgáltatások" kategória a kereskedelmet (G), a közlekedést és távközlést (H & J), a szálláshely-szolgáltatást és vendéglátást (I), a pénzügyi és biztosítási tevékenységeket (K), a szolgáltatásokat és közigazgatást (N–Q), valamint a sportot és rekreációt (R) foglalja magában.
Forrás: OVF (2025[57]), Kivételi és visszajuttatási adatok NACE-szektoronként (országok által belső adatok alapján benyújtott adatok)

A víz és a demográfiai dinamikák

Magyarország népessége csökken és a fővárosi régióra koncentrálódik. 2023-ban Magyarországon 9,6 millió ember élt, szemben az 1990-es 10,4 millióval (World Bank, 2022[58]). A népesség csaknem fele (46%) Budapest (17%), az Észak-Alföld (15%) és Pest (14%) régiókban koncentrálódik (OECD, 2025[59]). A teljes népesség egyenletesen oszlik el a városok[6] (34,7%), a kisvárosok és elővárosok (33,9%) és a vidéki területek (31,4%) között, ez utóbbiak az ország teljes területének 71,5%-át teszik ki (meghaladva az EU 65,7%-os átlagát) (Eurostat, 2024[60]). A népsűrűség az országban nagy eltéréseket mutat, a fővárosi régióban 3 196 fő/km2, míg a Dél-Dunántúl és az Alföld déli vidéki régióiban 60, illetve 65 fő/km2 (Eursotat, 2022[61]). A városok terjeszkedése, amely megakadályozza az esővíz beszivárgását és így növeli az árvízveszélyt, 2010 és 2020 között növekedett: a legtöbb magyar településen a beépített terület növekedése meghaladta a népesség növekedését (OECD, 2025[31]).

A közüzemi vízellátáshoz való hozzáférés Magyarországon szinte teljes körű, de a városi és vidéki területek között továbbra is fennáll a különbség. 2024-ben Magyarország összes települése és a lakosság 95,5%-a volt csatlakoztatva a közüzemi vízellátáshoz (KSH, 2025[62]) (1.15 ábra). A közüzemi vízellátáshoz csatlakozó lakóházak aránya azonban az országos átlag alatt van a túlnyomórészt vidéki régiókban, az Alföld déli részén (91%), Észak-Magyarországon (93%) és Dél-Duna-vidéken (94%), valamint Magyarország második legnépesebb régiójában, Pest vármegyében (94%) (KSH, 2025[63]). Magyarországon becslések szerint 200 000 ember fogyaszt magánkutakból származó vizet, ami egyes esetekben fertőző és nem fertőző betegségekkel, például methemoglobinémiával hozható összefüggésbe, mivel az árvizek idején megnőhet a nitritek és nitrátok koncentrációja (MTA, 2018[64]).

1.15. ábra: A közüzemi vízellátással rendelkező lakások aránya Magyarországon, 2005–2024

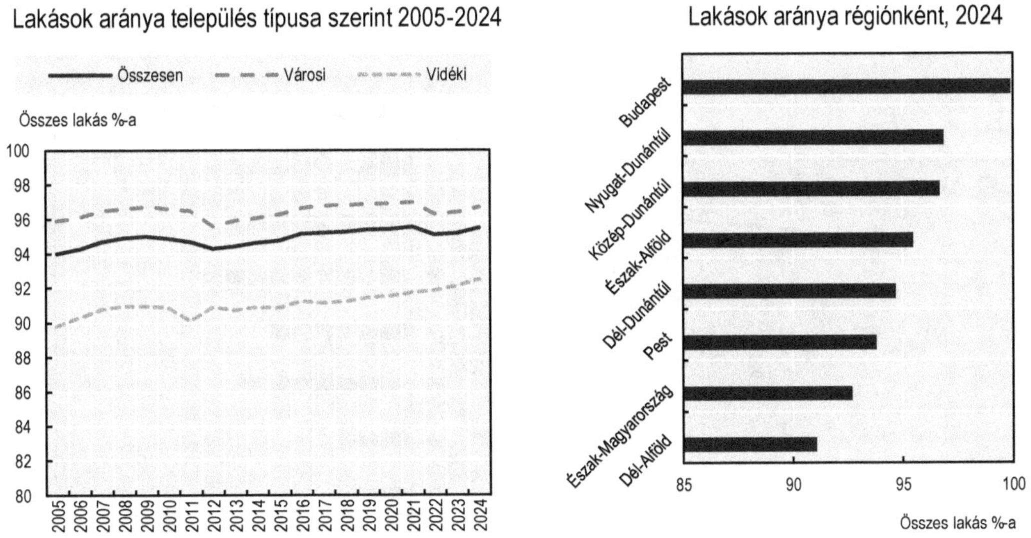

Forrás: (KSH, 2025[62])

Hasonlóképpen, bár az elmúlt két évtizedben nőtt a közcsatorna-hálózatra való csatlakozási arány, amely 2024-ben elérte a háztartások 84%-át, a területi egyenlőtlenségek továbbra is fennállnak. Bár a városi és vidéki területek közötti csatlakozási arányok közötti különbség 2005 és 2023 között 20 százalékponttal csökkent, a vidéki csatornahálózati csatlakozási arányok továbbra is alacsonyabbak (66%) a városiaknál (90%) (KSH, 2025[65]) (1.16 ábra). A csatlakozási arányok az országos átlag alatt vannak az Észak-magyarországi (81%), a Dél-alföldi (76%) és a Dél-dunántúli (74%) túlnyomórészt vidéki régiókban (KSH, 2025[63]). Az éghajlatváltozás növeli a szélsőséges csapadékmennyiséget és az árvízkockázatot, ami a csatornahálózat túlfolyása és az infrastruktúra károsodása révén további terhet ró a szennyvízelvezető rendszerekre, ami fokozza a vízszennyezést és a közegészségügyi aggályokat. Bár Magyarországon az új csatornahálózatok elválasztják a szennyvizet az esővíztől, az ország legnagyobb városaiban továbbra is a régebbi kombinált rendszerek vannak túlsúlyban. Budapesten 2019-ben a csatornák 54%-a még mindig kombinált volt (FCSM, 2019[66]), ami növeli a túlfolyás és a vízszennyezés kockázatát rendkívüli csapadékesemények esetén.

1.16. ábra: A közüzemi csatornahálózathoz csatlakozó lakások aránya Magyarországon, 2005–2024

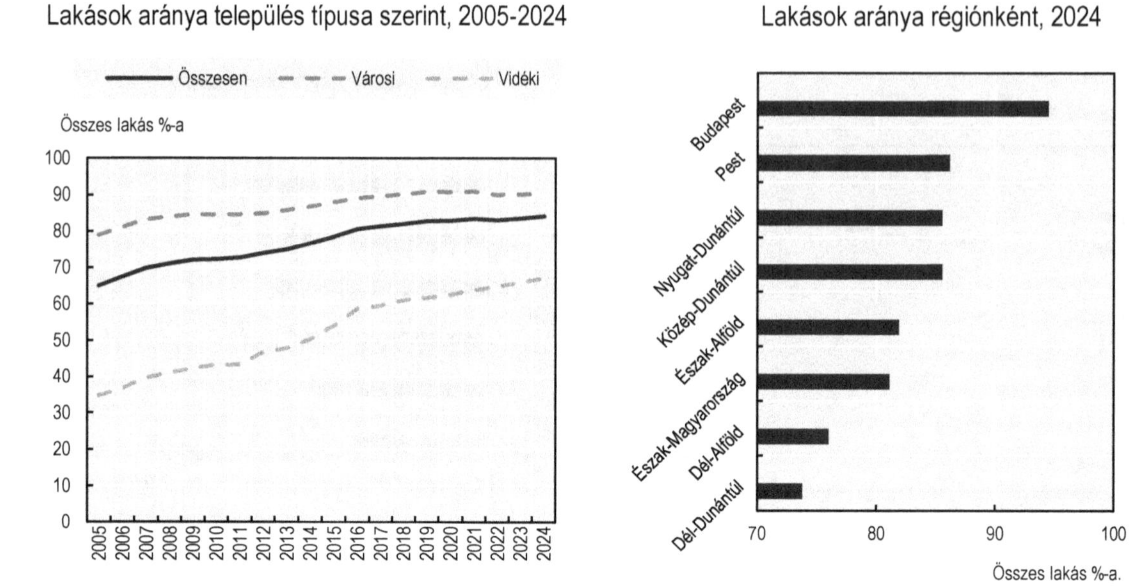

Forrás: (KSH, 2025[65])

A háztartások vízfogyasztása, amely a közüzemi vízellátás felhasználásának legnagyobb részét teszi ki, kissé alacsonyabb az európai átlagnál, és a fővárosban a legmagasabb. 2023-ban a háztartások a közüzemi vízellátás felhasználásának háromnegyedét (75,4%) tették ki, őket követték a szolgáltató szektor (16,6%), valamint az ipar és az építőipar (7,3%) (Eurostat, 2025[67]). 2023-ban a háztartások éves vízfogyasztása Magyarországon átlagosan 39 m^3/fő[7], volt, ami alacsonyabb az európai átlagnál, amely 40-50 m^3/fő (Eurostat, 2024[68]). A lakossági felhasználás azonban 2014 óta, amikor a legalacsonyabb lakossági vízfogyasztást figyelték meg (33 m^3/fő), átlagosan 1,3%-kal nőtt évente (1.17 ábra). A legmagasabb háztartási vízfogyasztási szintet 2023-ban a legdinamikusabban fejlődő és legsűrűbben lakott régiókban, Budapesten (49 m^3) és Pesten (39 m^3) figyelték meg, amelyek együttesen a népesség 31%-át teszik ki, míg Észak-Magyarországon, a legkevésbé urbanizált régióban (52%) volt a legalacsonyabb a vízfogyasztás (28 m^3). 2014 és 2023 között az egy főre jutó háztartási vízfogyasztás a legalacsonyabb kiindulási szinttel rendelkező régiókban nőtt a leggyorsabban, nevezetesen Észak-Magyarországon (18%), az Észak-Alföldön (16%) és a Dél-Alföldön (15%). Budapesten volt a legalacsonyabb a növekedés, 4% (KSH, 2025[62]).

1.17. ábra: Egy főre jutó lakossági vízfogyasztás Magyarországon

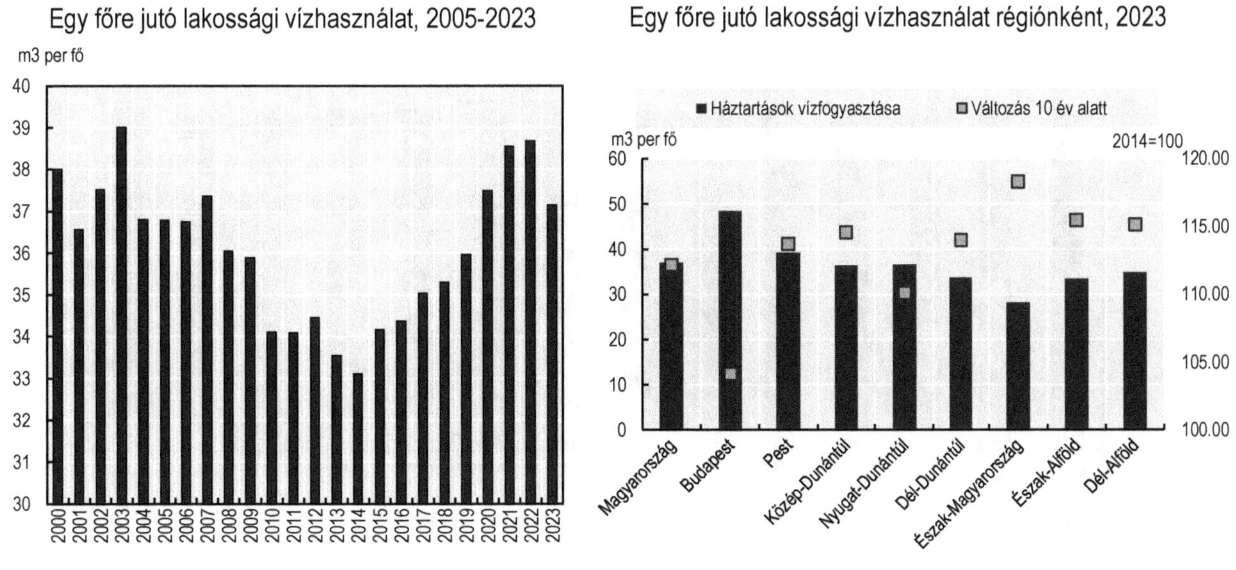

Forrás: (KSH, 2025[62])

A vízellátás megfizethetősége Magyarországon jelentős probléma. 2021-ben az ország az EU 23 tagállama közül a második legmagasabb vízellátási megfizethetőségi aránnyal (4,2) rendelkezett, ami azt jelenti, hogy az Eurostat adatai alapján a háztartások átlagos vízellátási kiadásai meghaladták a nettó jövedelem 4,2%-át (Martins et al., 2023[69]). A többi 22 vizsgált EU-országhoz képest viszonylag alacsony jövedelmi szint tűnik ennek a magas aránynak a fő okának, figyelembe véve, hogy a magyar háztartások átlagos vízkiadása a minta átlaga alatt van. A magyar régiók között jelentős eltérések vannak, 0% és 9% között. A megfizethetőségi problémák nem korlátozódnak az alacsony jövedelmű háztartásokra: az alsó hat jövedelmi decilisbe tartozó népesség több mint fele (50%) nettó jövedelmének 3%-át vagy annál többet költ vízellátási szolgáltatásokra, ami általában a megfizethetőségi problémákra utaló küszöbértéknek számít. Ezek a problémák a jövőben még súlyosbodhatnak, mivel az éghajlatváltozás és az elöregedő infrastruktúra megnöveli a vízellátási szolgáltatások költségeit.

A vízszivárgás és a szennyvízgyűjtés és -kezelés terén elért előrelépések ellenére az infrastrukturális kihívások továbbra is fennállnak. Átlagosan a szivárgásból származó vízveszteség a 2017-es 25,5%-ról 2022-re 22,9%-ra csökkent. Egyes régiókban, például Észak-Magyarországon, a veszteség akár 30% is lehet (State Audit Office, 2024[70]).Míg a harmadlagos tisztítás aránya a gyűjtött szennyvíz 46%-áról 88%-ra nőtt 2010 és 2023 között, a tisztítatlan szennyvíz aránya kevesebb, mint 1%-ról 4%-ra emelkedett (1.18 ábra). Összességében 2020-ban a városi szennyvíz 59%-a felelt meg a teljesen települési szennyvíz kezeléséről szóló irányelv követelményeinek, ezzel Magyarország az EU-ban a nyolcadik legkevésbé megfelelő ország lett (European Commission, 2025[71]). Magyarországot 2023 decemberében az EU Bírósága elmarasztalta a települési szennyvíz kezeléséről szóló irányelv (UWWTD) követelményeinek be nem tartása miatt, és az Európai Bizottság sürgette, hogy biztosítsa az UWWTD 2024-ben átdolgozott, új, szigorúbb követelményeinek való megfelelést.

1.18. ábra: Szennyvízkezelés Magyarországon, 2010–2023

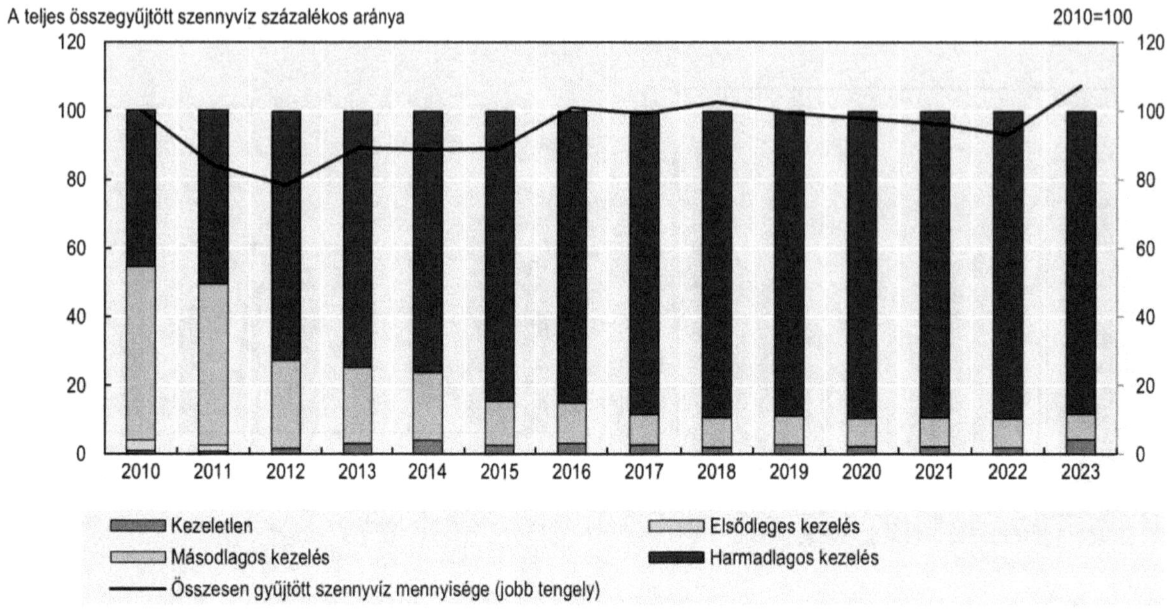

Forrás: (KSH, 2023[72]), (KSH, 2023[73])

A víz és a környezet

A magyarországi területhasználati formák hozzájárulnak az éghajlati kockázatoknak való fokozott kitettséghez, különösen az aszályok és az árvizek tekintetében. Először is, a vizes élőhelyek, amelyek enyhítik az árvizeket (pufferként működve) és aszályokat (a felszín alatti vízszint fenntartásával), Magyarország területének mindössze 0,6%-át teszik ki, míg az OECD európai országokban ez az arány átlagosan 2,6% (1.19 ábra). Másodszor, a csökkenő faborítottság csökkentheti a talaj vízmegtartó képességét és súlyosbíthatja a talajeróziót. A fák[8] Magyarország területének 19%-át fedik, ami majdnem csupán fele az OECD európai átlagának (36%). 2000 és 2023 között Magyarország fákkal borított területeinek 12%-a veszett el, és ez az arány az aszályra és árvízre hajlamos régiókban, például az Észak- és a Dél-Alföldön (21% és 20%) még magasabb volt (OECD, 2025[21]). Az európai vízgyűjtő területek, amelyeknek 30%-os a faborítottsága, 25%-kal nagyobb vízmegtartó képességgel rendelkeznek, mint a 10%-os faborítottságúak (EEA, 2015[74]), ami korlátozza a vízmegtartó képességet az alacsony faborítottságú régiókban, mint például Budapest, valamint az Észak- és Dél-Alföld. Harmadszor, a talajminőség javítása, a talajerózió csökkentése és a víz beszivárgásának elősegítése érdekében kezelt termőterületek (pl. szántás nélküli gazdálkodás, talajtakarás, takarónövények és zöld tájelemek) jelentősen hozzájárulhatnak a hidrológiai ciklusok szabályozásához. A magyarországi földhasználatot a termőterületek dominálják (68%), ami jóval meghaladja az OECD európai átlagát (39%) (OECD, 2025[75]). A termőföldek Budapestet (24%) kivéve minden régióban a terület több mint 50%-át, az Észak- és Dél-Alföld fő mezőgazdasági régióiban pedig a terület csaknem háromnegyedét fedik le. Magyarországon azonban a talajtakarás és a szántás nélküli gazdálkodás 2023 és 2024 között visszaesett, leginkább az ország szárazságra hajlamosabb keleti részén, míg a természetes tájelemek továbbra sem érik el a szántóterületek 1%-át (Green Policy Center, 2024[76]). Összességében a magyar talajok körülbelül 25%-a korlátozott vízelnyelő vagy vízelvezető képességgel rendelkezik, ami miatt jobban ki vannak téve a kiszáradásnak és a lefolyásnak (Hungarian Academy of Sciences, 2010[81]).

1.19. ábra: Magyarország felszíni borítottsága régiók szerint, 2020

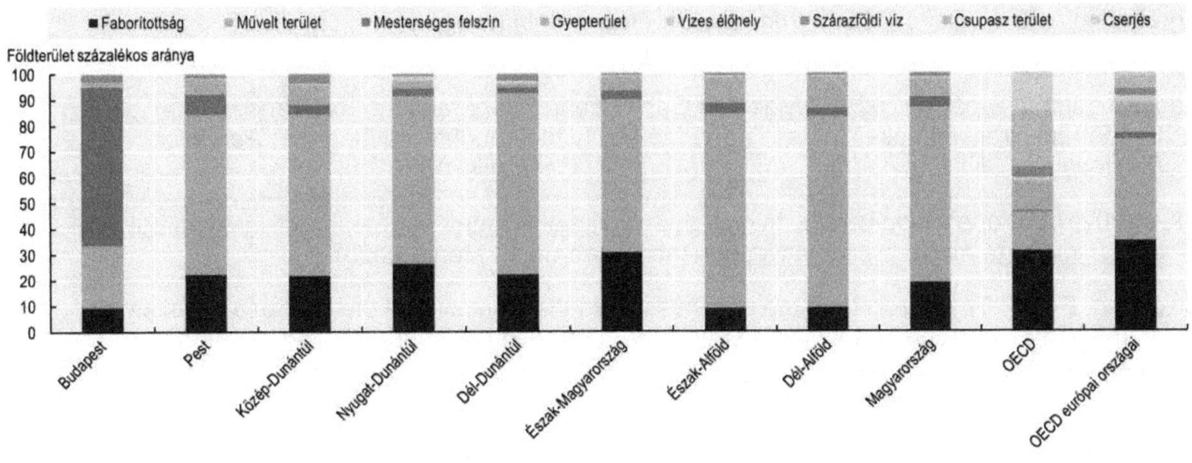

Forrás: (OECD, 2025[75])

Magyarország védett területeinek hálózata támogatja az alkalmazkodóképes vízgazdálkodást azáltal, hogy javítja a természetes vízmegtartást, enyhíti a lefolyást és a talajeróziót, valamint csökkenti a vízügyi kockázatok hatását. Ez a 327 természetvédelmi terület, köztük 10 nemzeti park, 39 tájvédelmi körzet és 175 kisebb természetvédelmi terület (Ministry of Agriculture, 2021[77]) olyan ökoszisztéma-szolgáltatásokat támogatnak, mint a szén-dioxid-megkötés, a vízszabályozás (pl. árvízvédelem) és a víztisztítás (Protected Planet, 2020[78]). Kiemelendő, hogy Magyarország vizes élőhelyeinek és vízhez kötődő ökoszisztémáinak 72%-a Natura 2000 védett terület[9], amely az EU számára fontos természetvédelmi terület (Government of Hungary, 2023[79]). A védett területek különböző ökoszisztéma-csoportokat fednek le, Magyarországon az mezőgazdasági ökoszisztémák aránya 45%, ami messze meghaladja az EU 17,4%-os átlagát.

1.20. ábra: A védett területek ökoszisztéma-lefedettsége Magyarországon és az EU-ban

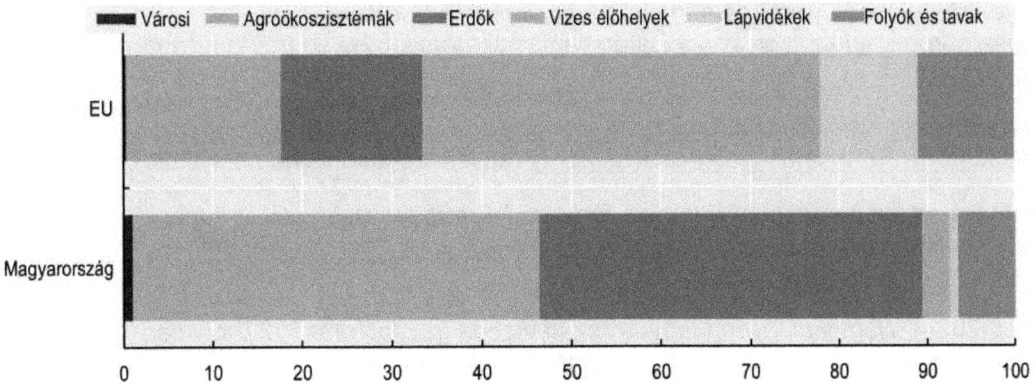

Forrás: (BISE, 2025[80])

Hivatkozások

Agroberichten Buitenland (2020), *Irrigation development in Hungary*, https://www.agroberichtenbuitenland.nl/actueel/nieuws/2020/08/11/irrigation-in-hungary. [52]

Báder, L. and J. Szilágyi (2023), "Widening Gap of Land Evaporation to Reference Evapotranspiration Implies Increasing Vulnerability to Droughts in Hungary", *Periodica Polytechnica Civil Engineering*, https://doi.org/10.3311/ppci.21836. [24]

BISE (2025), *Europe's biodiversity*, https://biodiversity.europa.eu/europes-biodiversity/protected-areas/coverage-and-representativeness (accessed on 12 March 2025). [80]

Bizottság, E. (2025), "Report from the Commission to the Council and the European Parliament on the implementation of the Water Framework Directive (2000/60/EC) and the Floods Directive (2007/60/EC)", https://eur-lex.europa.eu/legal-content/EN/TXT/?uri=celex:52025SC0029. [14]

Blöschl, G. et al. (2017), "Changing climate shifts timing of European floods", *Science*, Vol. 357/6351, pp. 588-590, https://doi.org/10.1126/science.aan2506. [26]

Boffo, R. et al. (2024), "Assessing nature-related risks in the Hungarian financial system: Charting the impact of nature's financial echo", *OECD Environment Working Papers*, No. 243, OECD Publishing, Paris, https://doi.org/10.1787/24fd70e3-en. [33]

Budappest (2022), *Flood Water Poses Life-Threatening Health Risks – Drowning Is Only One Of Them*, https://budappest.com/flood-water-poses-life-threatening-health-risks-drowning-is-only-one-of-them/. [40]

EEA (2025), *Water scarcity conditions in Europe*, https://www.eea.europa.eu/en/analysis/indicators/use-of-freshwater-resources-in-europe-1?activeAccordion=546a7c35-9188-4d23-94ee-005d97c26f2b. [7]

EEA (2024), *Europe's state of water 2024: the need for improved water resilience*, https://www.eea.europa.eu/en/analysis/publications/europes-state-of-water-2024. [16]

EEA (2024), *Water abstraction by source and economic sector in Europe*, https://www.eea.europa.eu/en/analysis/indicators/water-abstraction-by-source-and/water-abstraction-by-economic-sector. [48]

EEA (2023), *Delineation of water bodies*, https://www.eea.europa.eu/en/analysis/maps-and-charts/delineation-of-water-bodies-water-assessments (accessed on 5 December 2024). [17]

EEA (2015), *Water-retention potential of Europe's forests: A European overview to support natural water-retention measures*, https://www.actu-environnement.com/media/pdf/news-25551-water-retention-potential-forest.pdf. [74]

Egyensúly Intézet (2024), *Hogyan legyen Magyarország vízben gazdag ország? [How can Hungary be rich in water resources?]*, https://egyensulyintezet.hu/wp-content/uploads/2024/12/Vizbiztonsag_javaslat_EI.pdf (accessed on 12 December 2024). [19]

Eördöghné Miklós, M. (2014), "Characteristics of the aquifer from the perspective of the water services", *Pollack Periodica*, Vol. 9/1, pp. 113-120, https://doi.org/10.1556/pollack.9.2014.1.12. [23]

European Commission (2025), *2025 Environmental Implementation Review Country Report – HUNGARY - European Commission*, https://environment.ec.europa.eu/publications/2025-environmental-implementation-review-country-report-hungary_en. [71]

European Commission (2025), *Hungary: Ready to see water differently?*, https://environment.ec.europa.eu/topics/water/water-wise-eu/hungary_en. [3]

European Commission (2025), "Report from the Commission to the Council and the European Parliament on the implementation of the Water Framework Directive (2000/60/EC) and the Floods Directive (2007/60/EC)", https://eur-lex.europa.eu/legal-content/EN/TXT/?uri=celex:52025SC0029. [13]

European Commission (2025), *Third River Basin Management Plans Second Flood Hazard and Risk Maps and Second Flood Risk Management Plans Member State: Hungary*, https://eur-lex.europa.eu/legal-content/EN/TXT/?uri=celex:52025SC0029. [11]

Eurostat (2025), *Annual freshwater abstraction by source and sector*, https://doi.org/10.2908/env_wat_abs (accessed on 5 December 2024). [9]

Eurostat (2025), *Climate related economic losses by type of event*, https://ec.europa.eu/eurostat/databrowser/view/cli_iad_loss__custom_17352968/default/table?lang=en. [42]

Eurostat (2025), *National accounts aggregates by industry (up to NACE A*64)*, https://doi.org/10.2908/nama_10_a64 (accessed on 5 December 2024). [44]

Eurostat (2025), *Renewable freshwater resources - long term annual averages*, https://ec.europa.eu/eurostat/databrowser/view/env_wat_ltaa__custom_18451553/default/table (accessed on 21 October 2025). [5]

Eurostat (2025), *Water use by supply category and economical sector*, https://ec.europa.eu/eurostat/databrowser/view/env_wat_cat/default/table?lang=en (accessed on 2025). [67]

Eurostat (2024), *Urban-rural Europe - introduction*, https://ec.europa.eu/eurostat/statistics-explained/index.php?title=Urban-rural_Europe_-_introduction (accessed on 18 December 2024). [60]

Eurostat (2024), *Water Statistics*, https://ec.europa.eu/eurostat/statistics-explained/index.php?title=Water_statistics. [68]

Eurostat (2022), *Consumption of inorganic fertilizers*, https://ec.europa.eu/eurostat/databrowser/view/aei_fm_usefert/default/table?lang=en (accessed on 5 December 2024). [54]

Eurostat (2021), *Gross nutrient balance*, https://ec.europa.eu/eurostat/databrowser/view/aei_pr_gnb/default/table?lang=en (accessed on 5 December 2024). [55]

Eurostat (2018), *Land cover overview by NUTS 2 region*, https://doi.org/10.2908/lan_lcv_ovw (accessed on 5 December 2024). [2]

Eursotat (2022), *Population density by NUTS 3 region*, https://ec.europa.eu/eurostat/databrowser/view/demo_r_d3dens__custom_13879689/default/table?lang=en (accessed on 5 December 2024). [61]

FAO (2025), *AquaStat: Hungary*, https://data.apps.fao.org/aquastat/?lang=en. [12]

FCSM (2019), *Sewer network operation*, https://www.fcsm.hu/szolgaltatasok/szenny-es-csapadekviz-elvezetes/csatornahalozat-uzemeltetes. [66]

Government of Hungary (2023), *A biológiai sokféleség megőrzésének 2030-ig szóló nemzeti stratégiája [National Strategy for Biodiversity Conservation until 2030]*, https://cdn.kormany.hu/uploads/sheets/1/14/141/14141a7031c32aa7f9338edf332e811.pdf (accessed on 12 March 2025). [79]

Green Policy Center (2024), *Hungary's Second Climate Adaptation Progress Report - greenpolicycenter.com*, https://www.greenpolicycenter.com/2024/12/02/magyarorszag-masodik-klimaalkalmazkodasi-elorehaladasi-jelentese/ (accessed on 31 October 2025). [76]

HITA (2013), *The Hungarian Water and Sanitation Industry in the 21st century*, https://www.google.com/url?sa=t&rct=j&q=&esrc=s&source=web&cd=&ved=2ahUKEwjYyOi0jNiNAxWQBfsDHeVLOfgQFnoECAoQAQ&url=https%3A%2F%2Fwww.awex-export.be%2Ffiles%2Flibrary%2FInfos-sectorielles%2FPECO%2F2017%2FHONGRIE%2FHungarian-Water-and-Sanitation-Industry-OK. [43]

Humphries, M. et al. (2011), "Water chemistry and effect of evapotranspiration on chemical sedimentation on the Mkuze River floodplain, South Africa", *Journal of Arid Environments*, Vol. 75/6, pp. 555-565, https://doi.org/10.1016/j.jaridenv.2011.01.013. [25]

HUN-REN (2024), *National Water Altlas*, https://www.nemzetiatlasz.hu/MNA/MNA_2_6_atdolg.pdf. [6]

ICPDR (2025), *Countries of the Danube River Basin*, https://www.icpdr.org/sites/default/files/nodes/documents/icpdr_facts_figures.pdf. [4]

IEA (2025), *Hungary Country Profile*, https://www.iea.org/countries/hungary/energy-mix. [49]

Istvánovics, V. et al. (2022), "Record-setting algal bloom in polymictic Lake Balaton (Hungary): A synergistic impact of climate change and (mis)management", *Freshwater Biology*, Vol. 67/6, pp. 1091-1106, https://doi.org/10.1111/fwb.13903. [41]

KSH (2025), *15.1.1.1. Main data on environment and communal services*, https://www.ksh.hu/stadat_files/kor/hu/kor0001.html (accessed on 15 January 2026). [63]

KSH (2025), *15.1.1.42. Settlements with a public sewerage network and connected dwellings*, https://www.ksh.hu/stadat_files/kor/en/kor0042.html (accessed on 16 January 2026). [65]

KSH (2025), *Areas affected by drought*, https://www.ksh.hu/stadat_files/kor/hu/kor0039.html (accessed on 8 December 2025). [30]

KSH (2025), *Settlements and dwellings with public water supply*, https://www.ksh.hu/stadat_files/kor/en/kor0041.html (accessed on 16 January 2026). [62]

KSH (2025), *Weather data for Hungary and Budapest*, https://www.ksh.hu/stadat_files/kor/hu/kor0037.html (accessed on 12 September 2025). [22]

KSH (2023), *Area exposed to drought*, https://www.ksh.hu/stadat_files/kor/en/kor0039.html (accessed on 5 December 2024). [56]

KSH (2023), *Irrigation*, https://www.ksh.hu/stadat_files/mez/en/mez0118.html (accessed on 5 December 2024). [51]

KSH (2023), *Municipal sewerage [thousand m³]*, https://www.ksh.hu/stadat_files/kor/en/kor0026.html (accessed on 5 December 2024). [72]

KSH (2023), *Municipal waste water treatment [thousand m³]*, https://www.ksh.hu/stadat_files/kor/en/kor0027.html (accessed on 5 December 2024). [73]

KSH (2022), *Production of main arable crops [tonnes]*, https://www.ksh.hu/stadat_files/mez/en/mez0015.html (accessed on 5 December 2024). [53]

Martins, R. et al. (2023), "Water affordability across and within European countries: a microdata analysis", *Utilities Policy*, Vol. 83, p. 101609, https://doi.org/10.1016/j.jup.2023.101609. [69]

Mezősi, G. et al. (2014), "Climate Change Impacts on Environmental Hazards on the Great Hungarian Plain, Carpathian Basin", *International Journal of Disaster Risk Science*, Vol. 5/2, pp. 136-146, https://doi.org/10.1007/s13753-014-0016-3. [32]

Ministry of Agriculture (2021), *Országos jelentőségű, egyedi jogszabállyal védett természeti területek [Natural areas of national importance protected by specific legislation]*, https://termeszetvedelem.hu/orszagos-jelentosegu-egyedi-jogszaballyal-vedett-termeszeti-teruletek/. [77]

MTA (2018), *Hungarian Water Research Programme: challenges and research tasks*, https://mta.hu/data/dokumentumok/Viztudomanyi%20Program/Hungarian%20Water%20Research%20Programme%20Challenges%20and%20Resesarch%20Tasks%202019.pdf. [64]

Nagy-Kovács, Z. et al. (2018), "Operational Strategies and Adaptation of RBF Well Construction to Cope with Climate Change Effects at Budapest, Hungary", *Water*, Vol. 10/12, p. 1751, https://doi.org/10.3390/w10121751. [39]

Novaky, B. and G. Balint (2013), "Shifts and Modification of the Hydrological Regime Under Climate Change in Hungary", in *Climate Change - Realities, Impacts Over Ice Cap, Sea Level and Risks*, InTech, https://doi.org/10.5772/54768. [27]

OECD (2025), *Environment at a Glance Indicators*, OECD Publishing, Paris, https://doi.org/10.1787/ac4b8b89-en. [8]

OECD (2025), *Exposure to river flooding*, https://data-explorer.oecd.org/vis?fs[0]=Topic%2C1%7CEnvironment%20and%20climate%20change%23ENV%23%7CAir%20and%20climate%23ENV_AC%23&fs[1]=Measure%2C0%7CPopulation%20exposure%20to%20river%20flooding%23RF_POP_EXP%23&pg=0&fc=Measure&snb=1&vw=tb&df[ds]=dsDis. [34]

OECD (2025), *Global Drought Outlook: Trends, Impacts and Policies to Adapt to a Drier World*, OECD Publishing, Paris, https://doi.org/10.1787/d492583a-en. [29]

OECD (2025), "Land resources: Land cover change in countries and regions", *OECD Environment Statistics* (database), https://doi.org/10.1787/3bce4397-en (accessed on 31 October 2025). [75]

OECD (2025), *Local Data Portal - Climate Monitor*, https://localdataportal.oecd.org/profile.html?latitude=47.4764&longitude=19.1437&zoom=8.0000&view=climate&geolevel=TL2&code=HU11&topic=climateMitigation&subtopic=waste&indicator=GHG_TOTAL_GR_1990_2023. [21]

OECD (2025), *Local Data Potal*, https://localdataportal.oecd.org/profile.html?geolevel=TL2&code=HU33&view=climate&topic=climateAdaptation&indicator=GHG_TOTAL_GR_1990_2023&latitude=46.5711&longitude=20.0967&zoom=8.0000&subtopic=wetDry. [31]

OECD (2025), *OECD Data Explorer: Demography statistics - Regions (for 'Developer API')*, https://data-explorer.oecd.org/vis?lc=en&pg=0&snb=51&tm=population&vw=tb&df%5bds%5d=dsDisseminateFinalDMZ&df%5bid%5d=DSD_REG_DEMO%40DF_DEMO&df%5bag%5d=OECD.CFE.EDS&df%5bvs%5d=2.0&dq=A.TL2.HUN%2BHU11%2BHU12%2BHU21%2BHU22%2BHU23%2BHU31%2BHU32%2BHU33..POP%2B. [59]

OECD (2025), *OECD Data Explorer: Regions GDP*, https://data-explorer.oecd.org/vis?fs[0]=Topic%2C1%7CRegional%252C%20rural%20and%20urban%20development%23GEO%23%7CRegions%23GEO_REG%23&fs[1]=Topic%2C2%7CRegional%252C%20rural%20and%20urban%20development%23GEO%23%7CRegions%23GEO_REG%23%7CRegional%20economy. [45]

OECD (2025), *Productivity levels*, https://data-explorer.oecd.org/vis?fs%5b0%5d=Topic%2C1%7CEconomy%23ECO%23%7CProductivity%23ECO_PRO%23&pg=0&fc=Topic&bp=true&snb=6&vw=tb&df%5bds%5d=dsDisseminateFinalDMZ&df%5bid%5d=DSD_PDB%40DF_PDB_LV&df%5bag%5d=OECD.SDD.TPS&df%5bvs%5d=1.0&dq=AUS%2BAUT%2BB. [47]

OECD (2020), *Financing Water Supply, Sanitation and Flood Protection: Challenges in EU Member States and Policy Options*, OECD Studies on Water, OECD Publishing, Paris, https://doi.org/10.1787/6893cdac-en. [37]

OECD (2013), *Water Security for Better Lives*, OECD Studies on Water, OECD Publishing, Paris, https://doi.org/10.1787/9789264202405-en. [18]

OECD/European Commission (2020), *Cities in the World: A New Perspective on Urbanisation*, OECD Urban Studies, OECD Publishing, Paris, https://doi.org/10.1787/d0efcbda-en. [81]

OVF (2025), *Abstraction and return data per NACE sector.* [57]

OVF (2022), *Magyarország 2021. évi vízgyűjtő-gazdálkodási terve [River Basin Management Plan of Hungary]*, https://vizeink.hu/vgt/#page=1. [1]

OVF (2022), *Magyarország 2021. évi vízgyűjtő-gazdálkodási terve [River Basin Management Plan of Hungary], 5_1 Annex*, General Directorate of Water Management, https://vizeink.hu/wp-content/uploads/2022/10/VGT3/mellekletek/5_1_melleklet_Vizhasznalatok_bemutatasa.pdf. [10]

OVF (2021), *Magyarország 2021. évi Árvízkockázat-kezelési terve [Flood Risk Management Plan of Hungary - 2021]*, https://vizeink.hu/wp-content/uploads/2022/10/akk/Arvizkockazat-kezelesi_terv.pdf. [36]

Pongrácz, R. (2011), "ANALYSIS OF PROJECTED CLIMATE CHANGE FOR HUNGARY USING ENSEMBLES SIMULATIONS", *Applied Ecology and Environmental Research*, Vol. 9/4, pp. 387-398, https://doi.org/10.15666/aeer/0904_387398. [20]

Protected Planet (2020), *Report 2020: Tracking progress towards global targets for protected and conserved areas*, https://protectedplanetreport2020.protectedplanet.net/. [78]

Reuters (2024), *Hungary to allow nuclear plant to exceed Danube water temperature limit*, https://www.reuters.com/business/energy/hungary-allow-nuclear-plant-exceed-danube-water-temperature-limit-2024-07-27/. [50]

Rudd, H. et al. (2023), "Vulnerability of wells in unconfined and confined aquifers to modern contamination from flood events", *Science of The Total Environment*, Vol. 901, p. 165729, https://doi.org/10.1016/j.scitotenv.2023.165729. [38]

State Audit Office (2024), *Nemzeti Vízstratégia megvalósítására hozott intézkedések ellenőrzése [Monitoring of measures taken to implement the National Water Strategy]*, https://www.asz.hu/dokumentumok/24004.pdf. [70]

TEIR (2025), *National Regional Development and Spatial Planning Information System*, https://www.oeny.hu/oeny/teir/#/ (accessed on 5 December 2024). [46]

Water Europe (2024), *Ecological status in surface waters*, https://water.europa.eu/freshwater/europe-freshwater/water-framework-directive/ecological-status-of-surface-water. [15]

World Bank (2022), *Population, total - Hungary*, https://data.worldbank.org/indicator/SP.POP.TOTL?locations=HU (accessed on 12 January 2022). [58]

WRI (2025), *Riverine flood damage in Hungary*, https://www.wri.org/applications/aqueduct/floods/#/risk?p=eyJjb21tb24iOnsiZ2VvZ3VuaXRfdW5pcXVlIX25hbWUiOiJIdW5nYXJ5Iiwic2NlbmFyaW8iOiJidXNpbmVzcyBhcyB1c3VhbCJ9LCJoYXphcmQiOnsieWVhciI6IjIwMTAuMCIsImZsb29kIjoiaW51bnJpdmVyIiwic2NlbmFyaW8iOiJyY3A4cDUiLCJwcm9qZ. [35]

WRI (2024), *Aqueduct Country Rankings*, https://www.wri.org/applications/aqueduct/country-rankings/ (accessed on 5 December 2024). [28]

Megjegyzések

[1] Az Európai Környezetvédelmi Ügynökség által kidolgozott vízkitermelési index plusz (WEI+) a negyedéves vízfogyasztást a megújuló édesvízkészletek százalékában méri folyóvízgyűjtők vagy részvízgyűjtők szintjén (EEA, 2025[7]).

[2] A talajnedvesség kulcsfontosságú szerepet játszik a szárazföld és a légkör közötti vízkicserélődés szabályozásában. Az alacsony talajnedvesség csökkenti a növények transpirációját, csökkenti a vízpára áramlását és fokozza a szárazságot, ami viszont csökkenti a víz rendelkezésre állását.

[3] A kis vízellátó rendszerek azok, amelyek napi 5000 főnél kevesebb embert vagy 1000 m3-nél kevesebb vizet szolgáltatnak. Magyarországon ezek körülbelül 4 millió ember vízellátását biztosítják.

[4] Ahol a 2022-es adatok hiányoztak, a legfrissebb rendelkezésre álló év adatai kerültek felhasználásra.

[5] Magyarországon a mezőgazdasági vizet öntözésre, halgazdálkodásra és rizstermesztésre használják.

[6] A városok szorosan összefüggő helyi egységek halmaza, amelyek mindegyike 500 fő/km2-nél nagyobb népsűrűséggel rendelkezik, és összesen legalább 50 000 lakosuk van (OECD/European Commission, 2020[81]). A kisvárosok és elővárosok olyan szorosan kapcsolódó helyi egységek összességét jelentik, amelyek nem tartoznak városi területhez, népsűrűségük meghaladja a 100 fő/km2-t, és össznépességük legalább 50 000 fő. A vidéki területek olyan szorosan kapcsolódó helyi egységek összessége, amelyek nem tartoznak városi területhez, kisvárosi vagy elővárosi területhez.

[7] A hivatalos nemzeti statisztikák szerint 2023-ban Magyarországon az éves háztartási vízfogyasztás átlagosan 37,6 liter volt fejenként (KSH, 2025[63]).

[8] A faborítottság (amely egy adott területen található fák jelenlétét jelenti, függetlenül azok ökológiai összetételétől vagy kezelési rendszerétől) nem feltétlenül egyenlő a természetes erdőborítással. Nevezetesen, az ültetett monokultúrák a vegyes fajú erdőkhöz képest korlátozottabb biodiverzitást és ökoszisztéma-szolgáltatásokat (beleértve a vízmegtartást) nyújthatnak.

[9] A nemzeti jelentőségű természeti területeket az 1996. évi természetvédelmi törvény szabályozza, míg a Natura 2000 területeket az EU-szintű természetvédelmi területekről szóló 2004. évi 275. sz. (X. 8.) rendelet szabályozza.

2 Vízügyi kormányzás Magyarországon

Ez a fejezet áttekintést ad arról, hogy ki mivel foglalkozik, milyen szinten és hogyan a magyar vízügyi kormányzásban. Az ország vízkészleteit nemzetközi, nemzeti, helyi és hidrológiai szinten egy komplex, többszintű irányítási keretrendszerben kezeli. A vízgazdálkodás jogi alapja az 1995. évi vízgazdálkodási törvényben van lefektetve, és az uniós irányelvek, módosítások és rendeletek átültetésével folyamatosan frissítik. Magyarország nemzeti és határon átnyúló információs rendszereket is létrehozott a vízgazdálkodás és az éghajlati alkalmazkodás erősítése érdekében.

A többszintű vízügyi kormányzás Magyarországon

Magyarország 19 vármegyével és 3178 települési önkormányzattal rendelkező egységes államként többszintű igazgatási rendszerrel kezeli vízkészleteit (2.1 ábra). Az ország a Duna vízgyűjtő területének része, amely 19 ország határain átnyúló vízgyűjtő terület. Magyarország négy részvízgyűjtő területet (összevont kisebb vízgyűjtő egységeket) és 12 működési-, illetve illetékességi területet (összevont kisebb alegységeket) számlál belső tervezési és működési célokra.

2024 augusztusa óta az Energiaügyi Minisztérium felelős a vízpolitikáért. Felügyeli az Országos Vízügyi Főigazgatóságot, Magyarország fő vízügyi operatív szervét, és a Belügyminisztérium Katasztrófavédelmi Főigazgatóságával együttműködve koordinálja a vízzel kapcsolatos kockázatokat. Összességében a 12 minisztérium közül nyolc közvetlenül vagy közvetve részt vesz a vízpolitikában. A 2024-ben létrehozott Vízgazdálkodási Tárcaközi Bizottság célja az integrált vízgazdálkodás előmozdítása az ágazatok, helyek és ökoszisztémák között, míg a Katasztrófavédelmi Koordinációs Tárcaközi Bizottság az árvizekre, a belvízi elöntésekre és az aszályokra és hasonló katasztrófákra való vészhelyzeti reagálást irányítja. 2025-ben létrehozták az Aszályvédelmi Operatív Törzset, amelynek feladata az aszályok hatásainak enyhítését célzó kormányzati intézkedések előkészítése és koordinálása, valamint azok végrehajtásának nyomon követése.

A vízgazdálkodást két független szerv támogatja: a vízellátást és szennyvízelvezetést szabályozó Magyar Energetikai és Közmű-szabályozási Hivatal, valamint az Alapvető Jogok Biztosának Hivatala, amelynek Jövő Nemzedékek Országgyűlési Biztosa a környezetvédelmi és vízzel kapcsolatos jogokat felügyeli. Ezen kívül az Országos Vízgazdálkodási Tanács központi tanácsadó szervként működik. A Területi Vízgazdálkodási Tanácsokkal együtt támogatja a Vízgazdálkodási Főigazgatóságot az érdekelt felek bevonásával és a legfontosabb vízpolitikai dokumentumok felülvizsgálatával a koherencia biztosítása érdekében.

Területi szinten 12 területi Vízügyi Igazgatóság felel a vízkészletek kezelésével, az árvízvédelemmel és az aszálykezeléssel kapcsolatos operatív feladatokért. Ezek az Országos Vízügyi Főigazgatóság felügyelete alatt inkább hidrológiai (vízgyűjtő) alapon lehatárolt működési területeken, mint közigazgatási határokon (pl. vármegyék) belül működnek. A vízjogi engedélyezési funkciókat ugyanezeken a vízgyűjtő alapú illetékességi területeken 12 vármegyei kormányhivatal látja el, amelyek a központi kormányzat decentralizált szervei, és vízügyi hatóságként működnek. A négy részvízgyűjtő szintjén és a 12 területi szinten működő Vízgazdálkodási Tanácsok konzultációs platformként és tanácsadó testületként működnek a vízgazdálkodás területén. Az önkormányzatok és az állam felelősek a vízellátási és szennyvízelvezetési infrastruktúra és szolgáltatások fejlesztéséért. A víziközmű-szolgáltatással összefüggő közigazgatási hatósági ügyekben, illetve hatósági ellenőrzésekben – a víziközmű-szolgltatásról szóló törvényben meghatározott kivételekkel – a Magyar Energetikai és Közmű-szabályozási Hivatal jár el. Magyarországon 34 állami vagy önkormányzati tulajdonú víz- és csatornamű-üzemeltető működik.

A nemzetközi és határon átnyúló vízgazdálkodás a magyar vízügyi kormányzás alapvető pillére. Magyarország, mint hét szomszédos országgal határos, két nagy nemzetközi folyómeder – a Duna és a Tisza – mentén fekvő szárazföldi ország, aktív szerepet játszik a határon átnyúló vízgazdálkodásban. Az együttműködés elsősorban a Nemzetközi Duna-védelmi Bizottság (ICPDR) és különböző Határvízi Bizottságok keretében valósul meg. Ezeket a mechanizmusokat közös tervezési folyamatok, harmonizált szabályozási megközelítések és közös célok támasztják alá, amelyek célja a közös vízkészletek fenntartható és méltányos kezelésének biztosítása.

2.1. ábra: A vízügyi politika kialakításának és végrehajtásának intézményi térképe Magyarországon

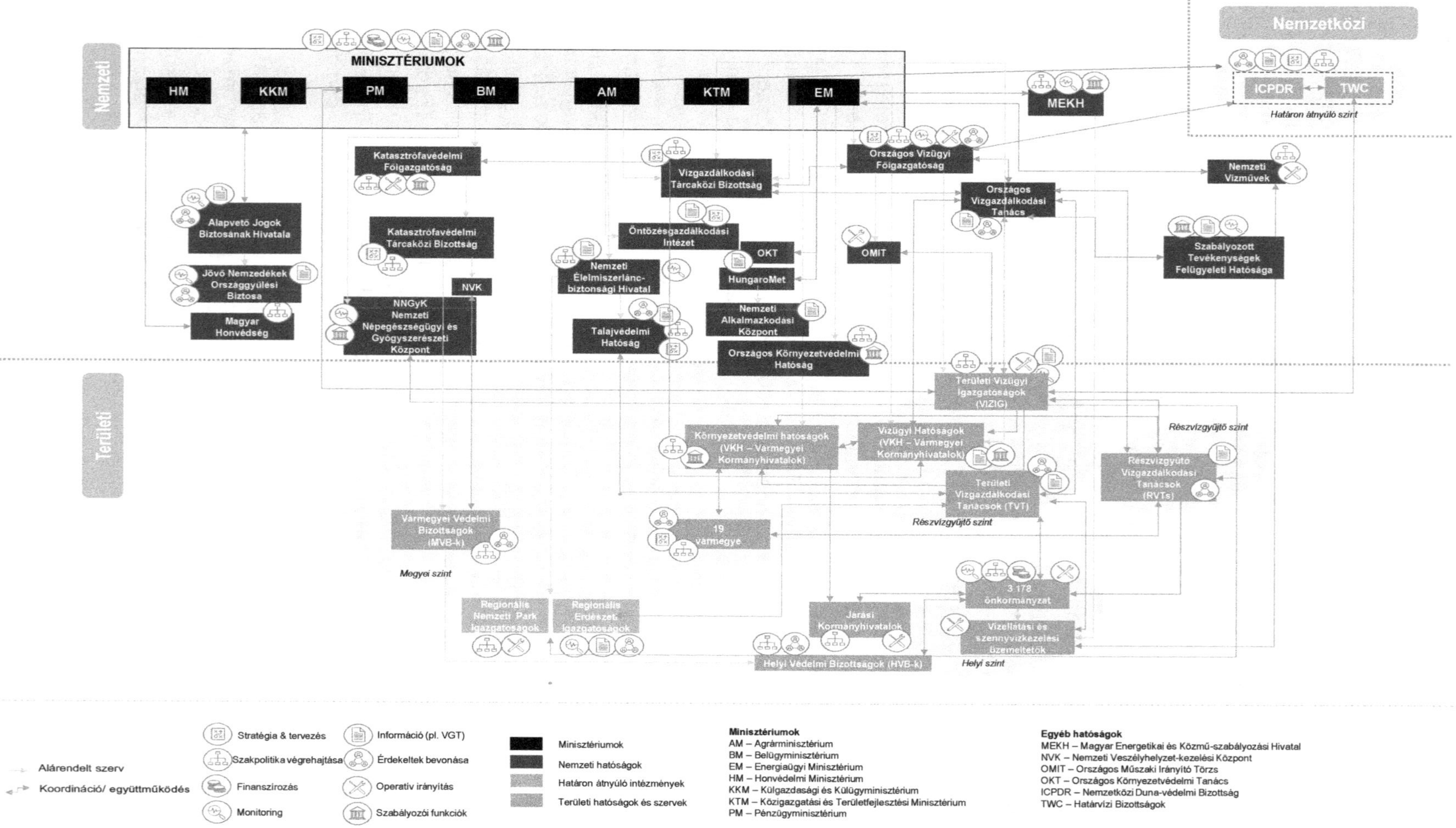

Nemzeti szint

Energiaügyi Minisztérium

Az Energiaügyi Minisztérium (EM) a vízgazdálkodásért és -védelemért felelős vezető kormányzati szerv. Az EM felelős továbbá az energiapolitikáért, a környezetvédelemért, a körforgásos gazdaságért, a fenntartható fejlődésért és az éghajlat-politikáért is. A minisztérium felügyeli a víziközmű-szolgáltatásokat, valamint a nemzeti és területi vízgazdálkodási szerveket, például a Területi Vízügyi Igazgatóságokat. Emellett felügyeleti hatóságként is működik a nemzeti, vármegyei és járási környezetvédelmi hatóságok által kiadott víz- és környezetvédelmi engedélyek és licencek tekintetében. Nem felelős a mezőgazdasági felszín alatti vízkivételi létesítmények engedélyezéséért, amely az Agrárminisztérium feladata.

Az EM-en belül a **vízgazdálkodásért felelős államtitkárság** koordinálja a nemzeti és területi vízügyi kormányzást, valamint felügyeli a vízzel kapcsolatos jogszabályokat és politikákat. **A körforgásos gazdaságért és klímapolitikáért felelős államtitkárság** biztosítja a hazai klímapolitika stratégiai és szabályozási feltételeit az EU és a nemzetközi célkitűzésekkel összhangban, többek között a Második Nemzeti Éghajlatváltozási Stratégia (NÉS-2) és az ahhoz kapcsolódó Éghajlatváltozási Cselekvési Terv (ÉCsT) végrehajtása és nyomon követése révén. A **környezetügyért felelős államtitkárság** felel a környezetvédelmi stratégia kidolgozásáért és végrehajtásáért. Együttműködik az Országos Környezetvédelmi Tanáccsal (OKT), amely a kormány tanácsadó testülete, és feladata a környezetvédelem társadalmi és tudományos alapjainak biztosítása (OKT, 2025[1]). Felügyeli továbbá a Magyar Meteorológiai Szolgálatot (HungaroMet), amely a Nemzeti Adaptációs Központot működteti, és az EM-mel együttműködve foglalkozik az éghajlattal kapcsolatos kérdésekkel (EM & KTM, 2025[2]).

Az EM felügyelete alatt az **Országos Vízügyi Főigazgatóság** (OVF) Magyarország központi költségvetési szerve a vízgazdálkodás területén, amelynek fő feladata az árvízvédelem koordinálása, a víztestek védelme és a belvízi elöntés okozta károk enyhítése. Az OVF felügyeli a nemzeti vízrajzi megfigyelést, integrált adat- és információs rendszereket üzemeltet, valamint felügyeli Magyarország 12 területi vízügyi igazgatóságát, hozzájárulva azok stratégiai céljainak kidolgozásához. Az OVF kulcsszerepet játszik a vízzel kapcsolatos projektek tervezésében és megvalósításában, valamint támogatja a nemzeti és ágazati stratégiák, például a Nemzeti Vízstratégia kidolgozását. Felelős továbbá a Vízgyűjtő-gazdálkodási Tervek (VGT) és azok Európai Bizottsághoz történő benyújtásának előkészítéséért nemzeti és részvízgyűjtő-szinten, az Európai Unió (EU) Víz Keretirányelvének (VKI) követelményeivel összhangban. Nemzetközi és határon átnyúló szinten az OVF hozzájárul a Nemzetközi Duna-védelmi Bizottság (ICPDR) munkájához, képviseli Magyarországot a félévenkénti üléseken és mind a hét szakértői csoportjában, valamint részt vesz hét Határvízi Bizottság munkájában. Az OVF főigazgatóját a Vízügyi Tudományos Tanács támogatja, amely egy tanácsadó testület, működését belső főigazgatói utasítás szabályozza.

A **Nemzeti Vízművek Zrt.** szintén az EM felügyelete alatt gyakorolja a kormány tulajdonjogait és kötelezettségeit az állami tulajdonú vízellátó és szennyvízelvezető szolgáltatókkal és infrastruktúrával kapcsolatban. A 2011. évi víziközmű-szolgáltatásról szóló törvény és egyéb törvények megteremtették a magyarországi vízellátási és szennyvízelvezetési szektor integrációjának és központosításának jogi alapját, amelynek eredményeként 2024-re a szolgáltatók száma 450-ről 34-re csökken, amelyek közül 17 többségében állami tulajdonban van, a többi pedig önkormányzati tulajdonban (Szabó and Garcia Quesada, 2017[2]). Ezeknek a reformoknak az indokai között szerepelt a méretgazdaságosság elérése, az önkormányzati pénzügyi korlátok kezelése és a központosított koordináció javítása (National Waterworks, 2021[3]).

Közigazgatási és Területfejlesztési Minisztérium

A Közigazgatási és Területfejlesztési Minisztérium (KTM) koordinálja a területfejlesztési politikát, felügyeli az uniós források felhasználását, valamint felügyeli a területi kormányzati szerveket, beleértve a vármegyéket, az önkormányzatokat és a vármegyei kormányhivatalokat (VKH-k). Noha nincs konkrét felelőssége a vízügyek terén, a KTM szerepe a területrendezésben és az infrastruktúra fejlesztésében gyakran érinti a vízpolitikát.

A KTM **önkormányzatokért felelős államtitkársága** koordinálja az önkormányzatokat és felügyeli azok feladatait, például a vízveszély tervek és az éghajlatváltozáshoz való alkalmazkodási intézkedések kidolgozását és végrehajtását. A **közigazgatásért felelős államtitkárság** felügyeli a VKH-k feladatait, amelyek közé tartoznak a vízkivétel, a vízhasználat és a szennyvízkibocsátás engedélyezési és licencezési folyamata. Szorosan együttműködik a Lechner Tudásközponttal, egy állami tulajdonú nonprofit szervezettel, amely támogatja a kormányzati intézmények munkáját, és térinformatikai geo-adatgyűjtésre és -elemzésre specializálódott, beleértve a vízkészletekkel, a területhasználati tervezéssel és az árvízkockázati térképekkel kapcsolatos kritikus térbeli információkat. Az **Európai Unió által finanszírozott fejlesztésekért felelős államtitkárság** biztosítja az uniós fejlesztési programok végrehajtását a Nemzeti Fejlesztési Központon keresztül, amely egy költségvetési szerv, amely koordinálja az operatív programok keretében strukturált nemzeti fejlesztési programokat. Mivel Magyarország vízgazdálkodása és infrastruktúra-fejlesztése jelentős mértékben függ az uniós finanszírozástól, a titkárság kulcsszerepet játszik a vízzel kapcsolatos beruházások irányításában és koordinálásában. Felügyeli továbbá a Magyar Fejlesztésösztönző Irodát, amely az uniós finanszírozásra pályázókat (beleértve az önkormányzatokat is) támogatja a kezdeti koncepció és elképzelés kidolgozásától a pályázatok végleges benyújtásáig.

Belügyminisztérium

A Belügyminisztérium (BM) felelős a közrend és a közbiztonság, a katasztrófakockázat-kezelés, a polgári védelem és a helyi közszolgáltatások irányításáért. 2024 júniusáig a BM volt a vízpolitikáért felelős vezető minisztérium.

A BM felügyeli a vízzel kapcsolatos katasztrófákért és egészségügyi kérdésekért felelős két szervet. Először is, az **Országos Katasztrófavédelmi Főigazgatóságot** (OKF), Magyarország katasztrófavédelmi központi hatóságát (2.1 keretes szöveg). amely felel a polgári védelmi rendszer felügyeletéért, a katasztrófakockázat-megelőzésre, a vészhelyzeti reagálásra és a katasztrófavédelmi szakemberekre vonatkozó szabványok meghatározásáért, valamint a természeti katasztrófák, ipari és nukleáris balesetek várható hatásainak kezeléséért (OKF, 2025[4]). Az OKF nemzeti rendvédelmi szervként működik, 19 vármegyei igazgatósággal, egy fővárosi igazgatósággal és 65 helyi katasztrófavédelmi irodával, amelyek helyi rendvédelmi szervként működnek. Másodszor, a **Nemzeti Népegészségügyi és Gyógyszerészeti Központot** (NNGyK), egy központi költségvetési szervet, amely felelős a vízminőség ellenőrzéséért, valamint az ivó- és fürdővízre vonatkozó higiéniai, ellenőrzési és analitikai szabványok megállapításáért (NNGyK, 2025[5]).

2.1. keretes szöveg: Katasztrófavédelem Magyarországon

A katasztrófavédelmet Magyarországon a 2011. évi katasztrófavédelmi törvény és a 234/2011 (XI.10.) végrehajtási rendelet alapján a kormányzat különböző szintjei irányítják.

Katasztrófa vagy kihirdetett vészhelyzet esetén a **Katasztrófavédelmi Koordinációs Tárcaközi Bizottság** (KKB) veszi át az operatív irányítást, a Belügyminisztérium vezetésével. A KKB több szektorális munkaterv alapján irányítja a vészhelyzeti intézkedéseket, és tagjai között megtalálhatók a releváns minisztériumok és központi szervek, például a rendőrség, az Országos Adó- és Vámhivatal, valamint az Országos Meteorológiai Szolgálat képviselői. Operatív szerve, a **Nemzeti Veszélyhelyzet-kezelési Központ** (NVK) a kormány döntéseit országos és regionális szerveken keresztül hajtja végre. Vészhelyzetekben a **Katasztrófavédelmi Főigazgatóság** ideiglenes **Operatív Törzse** koordinálja az intézkedési tervek kidolgozását, az adatelemzést és a technikai támogatást a BM OKF, az érintett minisztériumok és a helyi egységek munkatársaival.

Helyi szinten a **Területi Védelmi Bizottságok** (TVB) regionális vészhelyzeti központokat működtetnek, amelyek alá tartozó **Helyi Védelmi Bizottságok** (HVB) működnek kerületi szinten. Ezek a bizottságok támogatják a helyi önkormányzatok, a katasztrófavédelmi hatóságok, a vízgazdálkodási szervek, a közegészségügyi ügynökségek, a rendvédelmi szervek és a civil társadalmi szereplők közötti koordinációt. A polgármesterek a helyi katasztrófavédelem és -tervezés törvényileg kijelölt vezetői. Felelősek a települési veszélyelhárítási tervek elkészítéséért, amelyek felvázolják a helyi kockázatértékeléseket, a természeti veszélyekkel kapcsolatos megelőző és válaszintézkedéseket, a koordinációs szerepeket és az erőforrások elosztását a hatékony vészhelyzeti felkészültség és reziliencia biztosítása érdekében. Magyarország 3178 települési önkormányzata 197 járásba van csoportosítva és három katasztrófakockázati szintre van osztályozva, amelyek befolyásolják a finanszírozást és a beruházási tervezést. Ezeket a besorolásokat az infrastruktúra és a vízgazdálkodás teljesítménye alapján felülvizsgálják. A polgármesterek által a helyi szereplőkkel konzultálva kidolgozott települési veszélyelhárítási terveket a területi védelmi bizottságok értékelik, és beépítik a Katasztrófakockázat-kezelési Tervezési Rendszerbe.

Az OVF műszaki főigazgató-helyettese által vezetett Árvízvédelmi és Belvízvédelmi Munkabizottság vállalja ezt a szerepet árvíz vagy belvízi elöntés esetén (2.2 ábra). A bizottság operatív szerve, az Országos Vízügyi Irányító Törzs (OVIT) – amely az OVF saját személyzetéből áll – akkor lép működésbe, amikor több területi vízügyi igazgatóságnak kell összehangolnia tevékenységét az információáramlás hatékonyságának és a felszerelések és személyzet újraelosztásának biztosítása érdekében. Az OVIT felügyeli a 12 területi vízügyi igazgatóság árvízvédelmi intézkedéseit, beleértve a hidrometeorológiai megfigyelést, előrejelzést, korai figyelmeztetést és az árvízvédelmi infrastruktúra felügyeletét. Árvízhelyzetekben a területi és helyi védelmi bizottságok és a polgármesterek feladata az árvízre való reagálás közigazgatási vonatkozásainak ellátása.

2.2. ábra: Az árvíz- és a felesleges belvízkezelés intézményi térképe Magyarországon

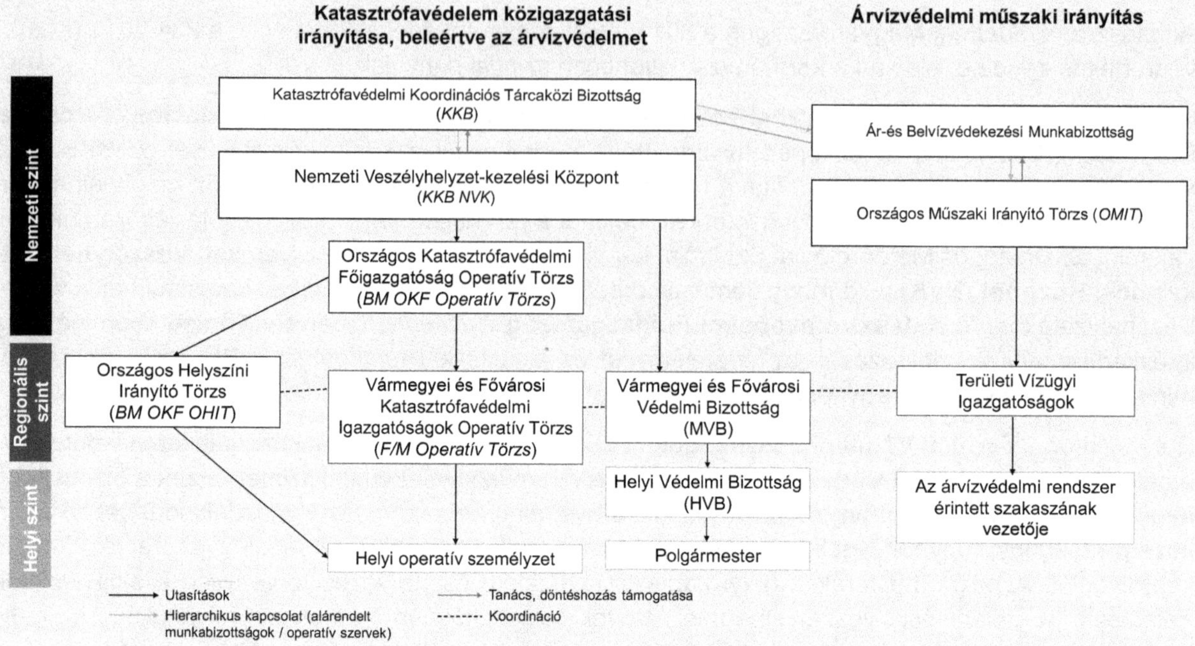

Megjegyzés: A közigazgatási feladatok közé tartozik a lakosság és az anyagi javak védelméhez szükséges munkaerő, anyagok és felszerelések biztosítása; a veszélyben lévő lakosság és anyagi javak biztonságának biztosítása (mentés, evakuálás); a lakosság és a védelmi erők orvosi ellátásának biztosítása, valamint az evakuáltak szociális ellátása. Az árvízvédelem műszaki irányítása a hidrometeorológiai megfigyelésre, előrejelzésre és riasztásra, az árvízvédelmi létesítmények üzemeltetésére és az ideiglenes védelmi építmények építésére vonatkozik.

Forrás: A BM OKF (2025[6]) és az OVF (2025[7]) alapján.

Agrárminisztérium

Az Agrárminisztérium (AM) felügyeli a mezőgazdaság, a vidékfejlesztés, a természetvédelem, az élelmiszeripar, az erdőgazdálkodás és a földügyek politikáját és szabályozását.

A minisztérium **parlamenti államtitkársága** felelős a mezőgazdasági vízgazdálkodásért, ideértve az öntözéshez szükséges felszín alatti víz-kivételi létesítmények engedélyezését és az öntözési közösségek létrehozását. Felügyeli a 2019. évi öntözéses gazdálkodásról szóló törvény alapján létrehozott **Öntözésgazdálkodási Intézetet**, amely elősegíti a fenntartható vízgazdálkodási gyakorlatokat, kijelöli az öntözési zónákat és elkészíti az öntözésfejlesztési terveket (EM & KTM, 2025[8]). Kezdetben ezeket a feladatokat a **Nemzeti Földügyi Központ** látta el, de a központ 2024 májusában történt megszüntetése után ezeket a feladatokat a Mezőgazdasági Minisztérium parlamenti államtitkársága vette át.

A **mezőgazdaságért és vidékfejlesztésért felelős államtitkárság** a mezőgazdasági politika fő hatósága, amely felügyeli a Vidékfejlesztési Programot, amely összhangban áll Magyarország Közös Agrárpolitikájának (KAP) Stratégiai Tervével. A **természetvédelemért felelős államtitkárság** felelős a védett területek igazgatásáért, valamint a nemzeti természeti erőforrások és a biológiai sokféleség megőrzéséért. Felügyeli a 2030-as Nemzeti Biodiverzitási Stratégiát és a 2017–2026-os Nemzeti Tájstratégiát, valamint tíz regionális Nemzeti Park Igazgatóságot. Ezeknek országszerte működési megbízatásuk van az élőhelyek megőrzése és az ökológiai kutatás terén, amely releváns az édesvízi ökoszisztémák és a tájvédelem szempontjából (Hungarian National Parks, 2025[9]).

Az **erdőkért és földügyekért felelős államtitkárság** a Nemzeti Élelmiszerlánc-biztonsági Hivatallal (NÉBIH) együttműködve végzi a talaj- és erdőgazdálkodással kapcsolatos feladatokat tíz regionális Erdészeti Igazgatóságán keresztül. Ezek az igazgatóságok más szervekkel is együttműködnek, például a regionális Vízügyi Igazgatóságokkal és a regionális Nemzeti Park Igazgatóságokkal, amelyek az állami tulajdonú erdőterületeket kezelik. A NÉBIH Talajvédelmi Hatósága figyelemmel kíséri a talaj minőségét, betartatja a talajvédelmi szabályozást, támogatja a fenntartható földhasználatot és az erózió elleni védekezést, valamint a Talajvédelmi Cselekvési Tervben (2021–2027) meghatározott vízmegtartási erőfeszítéseket. Mind a Nemzeti Agrárgazdasági Kamara (NAK), mind a Talajvédelmi Hatóság hozzájárul a vízügyi tanácsok munkájához.

Vízügyi funkciókkal rendelkező egyéb minisztériumok

Magyarország vízgazdálkodási intézményrendszerében a 182/2022 (V. 24.) a kormány tagjainak feladatairól és hatásköreiről szóló kormányrendelet szerint több más minisztérium is fontos vízügyi feladatokat lát el:

- A **Külgazdasági és Külügyminisztérium** (KKM) az EU Duna Régióra vonatkozó stratégiájának nemzeti koordinátora, többek között a „vízminőség védelme és megőrzése" területén. A KKM koordinálja Magyarország nemzetközi vízdiplomáciai erőfeszítéseit is, támogatva a globális együttműködést és felvonultatva a nemzeti szakértelmet. A minisztérium például támogatta a 2019-es Budapesti Víz Világtalálkozót, amelyen 118 ország képviselői vettek részt, és elfogadták a jobb vízgazdálkodásról szóló „Budapesti felhívást", valamint a „Kézikönyv a határon átnyúló kontextusban történő vízallokációról" kidolgozását is támogatta 2021-ben.
- Az **Építési és Közlekedési Minisztérium** (ÉKM) felelős a központi költségvetésből finanszírozott vízmű- és vízi infrastruktúra-projektek tervezésének és megvalósításának koordinálásáért. Gondoskodik arról, hogy ezek a beruházások összhangban legyenek a fenntartható vízgazdálkodásra vonatkozó nemzeti prioritásokkal és műszaki szabványokkal.
- A **Nemzetgazdasági Minisztérium** (NGM) felügyeli Magyarország központi költségvetésének előkészítését, végrehajtását és nyomon követését, biztosítva a fiskális fegyelem és a nemzetgazdasági stabilitási célok közötti összhangot. A 2025-ös központi költségvetés belföldi működési költségvetést különített el a vízügyi kiadásokra az EM és az ÉKM számára. A vízügyi szektorban a PM elsősorban a vízügyi beruházások, fejlesztési programok finanszírozásában, valamint a víziközmű támogatások és tarifák megállapításában vesz részt, különösen a nem lakossági felhasználók esetében, az EM-mel és az OVF-fel együttműködve.
- A **Honvédelmi Minisztérium** (HM) alapvető szerepet játszik Magyarország katasztrófavédelmi rendszerében. A Magyar Honvédség révén támogatja a polgári védelmi erőfeszítéseket azáltal, hogy katasztrófák és vészhelyzetek esetén mozgósítja a személyzetet, a felszerelést és a logisztikai erőforrásokat. Feladatai közé tartozik a gátak és töltések védelme és megerősítése, valamint a katasztrófa utáni helyreállítási műveletek koordinálása.

Vízgazdálkodási Tárcaközi Bizottság

2024 végén létrehozták a Vízgazdálkodási Tárcaközi Bizottságot, amelynek célja a vízgazdálkodás és a fenntartható mezőgazdaság, a regionális és városi fejlesztés, valamint a környezet- és tájvédelem integrációjának előmozdítása. Feladatai közé tartozik a hosszú távú vízgazdálkodási stratégiák más ágazati célokkal való összehangolása, az érintett kormányzati szervek és érdekelt felek közötti információcsere javítása, a mezőgazdasági termelők és a helyi közösségek felvilágosítása a fenntartható vízgazdálkodási gyakorlatokról, valamint javaslatok tétele a vízügyi kormányzást javítását célzó szabályozási változtatásokra és cselekvési tervekre (Government of Hungary, 2024[10]). A bizottság 2025 januárjában tartott első ülésén újra hangsúlyozta Magyarország stratégiai fókuszát a vízmegtartásra a vízmegtartó infrastruktúra (pl. csatornák, torkolatok és víztározók), valamint a talaj vízmegtartó képességének fejlesztése és javítása révén (2.2 keretes szöveg). A Bizottság 2025 márciusában elfogadott munkaterve előirányozza a Nemzeti Vízstratégia felülvizsgálatát, amely jelenleg folyamatban van, valamint egy új vízgazdálkodási törvény kidolgozását 2026-tól kezdődően.

A Bizottság elnöke az EM vízügyi államtitkára, társelnöke pedig az AM delegált államtitkára. A bizottság állandó, szavazati joggal rendelkező tagjai: az OVF főigazgatója, az EM vízügyi államtitkára és helyettese, a közigazgatási és területfejlesztési miniszter által delegált államtitkár, az AM természetvédelemért felelős államtitkára, a parlament mezőgazdasági bizottságának elnöke, a Magyar Gazdakörök és Gazdaszövetkezetek Szövetségének elnöke és a Nemzeti Agrárgazdasági Kamara elnöke. Három állandó tag rendelkezik tanácsadói joggal: az EM elnöke által kinevezett egy képviselő; az OVF főigazgatója által kinevezett egy képviselő; valamint az Országos Vízgazdálkodási Tanács egy képviselője. Az elnök ad hoc alapon további tagokat is meghívhat.

2.2. keretes szöveg: A „Vizet a tájba!” megközelítés Magyarországon

A növekvő hidrometeorológiai változékonyságra és a súlyos aszályokra reagálva a magyar kormány egyre nagyobb hangsúlyt fektet a vízmegtartásra, mint éghajlati alkalmazkodási stratégiára a „Vizet a tájba!” megközelítés keretében. A vízmegtartás multifunkcionális intézkedésként ismert, amely csökkenti az árvízcsúcsokat, enyhíti az aszály kockázatát, pótolja az ökoszisztéma vízmérlegét és biztosítja a vízellátást az öntözéses mezőgazdaság számára. A 2017–2030-as Nemzeti Vízstratégia olyan hosszú távú célokat tartalmaz, mint a vízmegtartás javítása természetalapú megoldásokkal, és a vízmegtartás, a csapadékvíz-gazdálkodás és a víz újrahasznosításának fokozására irányuló paradigmaváltást szorgalmazza. A természetes vízmegtartási intézkedéseket területi szinten dolgozták ki, elsősorban az EU által finanszírozott projektek keretében. Például 2017 óta Püspökszilágy község természetes vízmegtartási intézkedéseket hajt végre a villámárvizek enyhítése, a talajvízszint stabilizálása, a biológiai sokféleség javítása és a vízhiány kockázatának csökkentése érdekében.

2022-ben az OVF a NAK-kal és a Magyar Gazdakörök és Gazdaszövetkezetek Szövetségével együttműködve kezdeményezést indított a téli csapadék csatornahálózatban való visszatartására. 2023 elejére több mint 50 millió m^3 vizet tároltak. Az Agrárközgazdasági Intézet, az OVF, a NAK vidéki tanácsadó hálózata és tudományos partnerei által 2024-ben végzett felmérésből kiderült, hogy a gazdák 80%-a fontosnak tartja a termőföldeken történő vízmegtartást, és a gazdák fele jelezte, hogy megfelelő pénzügyi és technikai támogatás esetén hajlandó lenne megváltoztatni a földhasználatot (pl. vizes élőhelyekké vagy füves területté).

2025-ben a kormány elindította a „Vizet a tájba!” programot, amelynek célja a fenntartható vízgazdálkodás előmozdítása és az éghajlatváltozás negatív hatásainak enyhítése országszerte. A program célja a vízmegtartás támogatása azáltal, hogy meghatározza a szabályozott elárasztásra alkalmas mezőgazdasági parcellákat, szükség esetén közérdekből ingyenes vízelvezetési szolgáltatásokat kínál, és keretet biztosít a földtulajdonosok önkéntes részvételéhez a szezonális vízmegtartási intézkedésekben. Ezen a kereten belül az AM és az EM 2025-ben többéves infrastrukturális megújítási programot indított, amelyet az OVF-fel és mezőgazdasági képviselőkkel együttműködve határoztak meg. Az első szakaszban 300 km csatorna kapacitásának bővítésére, valamint 133 vízmű, hét szivattyútelep és hét őrállomás építésére és modernizálására kerül sor. Ezek a fejlesztések önmagukban várhatóan 5 millió m3-rel növelik a mezőgazdaság víztároló kapacitását. A kormány egy vízprogramot is indított, hogy megoldja az ismétlődő csapadékhiányt a Homokhátság régióban, amely különösen érintett az aszállyal. A program egy sor vízpótlási és ökológiai helyreállítási projektet hagy jóvá, amelyeket kizárólag uniós forrásokból finanszíroznak a Magyarország Környezetvédelmi és Energiahatékonysági Operatív Program Plusz keretében.

Forrás: NAK (2022[11]), NAK (2023[12]), NAK (2024[13]), OVF (2024[14]), Origo (2025[15]), Urbact (2020[16]), Government of Hungary (2025[17]).

Aszályvédelmi Operatív Törzs

A súlyos csapadékhiányra reagálva Magyarország 2025 májusában létrehozta az Aszályvédelmi Operatív Törzset, amelynek feladata az aszály hatásainak enyhítését célzó kormányzati intézkedések előkészítése és koordinálása, valamint azok végrehajtásának nyomon követése. 2025-ben az Operatív Törzs május 8-tól november 17-ig működött. Az Operatív Törzs saját eljárási szabályzatot állapít meg. Az Operatív Törzs elnöke a mezőgazdaságért felelős államtitkár, tagjai pedig az EM, a KTM és az ÉKM magas rangú képviselői, valamint az OVF, a miniszterelnök nemzetbiztonsági főtanácsadója és a parlament mezőgazdasági bizottságának elnöke. A Miniszterelnökség közigazgatási államtitkára, és a nyilvános konzultációk koordinálásáért és az Országos Beruházás Monitoring Rendszer működtetéséért felelős kormánybiztos állandó meghívottként vesznek részt az üléseken.

Az Operatív Törzs javaslata alapján a kormány a 1178/2025 (V. 29.) számú kormányhatározattal 4,7 milliárd forint (12,2 millió euró) összegű „azonnali beavatkozást" rendelt el a vízkészletek növeléséhez szükséges műszaki feltételek biztosítása érdekében, vízmegtartó intézkedések (azaz a csatornák, víztározók és holtágak tárolókapacitásának maximális kihasználása) révén. Mivel a vízhiány megelőzése és kezelése „kiemelt nemzeti érdeknek" minősült, a beavatkozásokkal kapcsolatos építési beruházások mentesültek az állami építési beruházásokra vonatkozó törvény alkalmazása alól. Ez általában a szokásos jóváhagyási folyamatok és közbeszerzési szabályok megkerülését, valamint a közvetlen szerződéskötés és egyszerűsített adminisztratív lépések engedélyezését jelenti a végrehajtás felgyorsítása érdekében.

Országos Vízgazdálkodási Tanács

Az Országos Vízgazdálkodási Tanács (OVT) a nemzeti vízügyi politika központi tanácsadó és konzultációs testületeként működik. Az OVT felülvizsgálja és tanácsot ad a legfontosabb vízügyi politikai dokumentumokról, például az elkészített VGT-ről, biztosítva az összhangot és az érdekelt felek részvételét. Emellett gondoskodik a nemzeti szintű vízpolitikai célok és a Területi Vízgazdálkodási Tanácsok és területi vízügyi igazgatóságok által végzett területi tervezési és végrehajtási tevékenységek közötti összhangról. Az EM, az OVF és a Részvízgyűjtő Vízgazdálkodási Tanácsok mellett összefogja a vízügyi érdekekkel rendelkező ágazatok – például a mezőgazdaság, az energia, a környezetvédelem, a halászat, a területfejlesztés, a közlekedés és az egészségügy – nemzeti képviselőit, valamint a civil társadalmat, a vállalkozásokat, a szakmai szövetségeket és a tudományos szervezeteket.

Független országos vízügyi szervek

A Magyar Energetikai és Közmű-szabályozási Hivatal (MEKH) a villamos energia, a földgáz, a távfűtés, valamint a vízellátás és szennyvízelvezetés független szabályozó hatósága. A MEKH feladata az üzemeltetők engedélyezése, az ágazati jogszabályok és a szolgáltatásminőségi kötelezettségek betartásának felügyelete, a hivatalos statisztikák gyűjtése és közzététele, valamint a fogyasztók védelme. Előkészíti a közüzemi szolgáltatások díjainak és tarifáinak szabályozási keretét, és költségalapú felülvizsgálatokat végez a tarifajavaslatok előkészítése érdekében, beleértve a megfizethetőségi szempontokat is, amelyek hivatalos elfogadása kormányzati eljárások keretében történik. A MEKH rendeleteket hozhat és jogszabályi módosításokat javasolhat, ha hiányosságokat tár fel a meglévő szabályozásban. Ily módon a MEKH az EM-en keresztül módosításokat javasolhat az elsődleges jogszabályokhoz (pl. a víziközmű ellátást szabályozó törvényekhez), amely a MEKH ajánlásai alapján törvénytervezeteket terjeszthet a parlament elé. Független költségvetéssel rendelkezik, amelyet felügyeleti díjakból, igazgatási szolgáltatási díjakból és saját működési bevételeiből, többek között bírságokból finanszíroznak.

A Magyar Alapvető Jogok Biztosának Hivatala (AJBH) a Magyar Nemzeti Emberi Jogi Intézmény (OHCHR, 2023[18]). Főként az egészséges környezethez, a testi és lelki egészséghez, valamint a „nemzet közös örökségéhez", különösen a vízhez és a biológiai sokféleséghez való joggal foglalkozik. A Jövő

Nemzedékek Országgyűlési Biztosa, az AJBH két helyettese közül az egyik, számos környezetvédelmi kérdéssel foglalkozik, többek között a vízkészletek védelmével. 2017-ben az országgyűlési biztos aggodalmát fejezte ki az 1995. évi vízgazdálkodási törvény módosítására irányuló javaslattal kapcsolatban, amely eltörölte volna a 80 méter mélységig terjedő kutak engedélyezési és bejelentési követelményeit, rámutatva a felszín alatti víz túlzott kitermelésének és szennyezésének kockázataira. Az érdekelt felekkel folytatott konzultációkat követően az AJBH általános véleményt és amicus curiae beadványt nyújtott be az Alkotmánybírósághoz, amely megsemmisítette a módosítást. Az országgyűlési biztos az öntözési politikát is figyelemmel kíséri, hangsúlyozva a szabályozási jóváhagyások fontosságát a fenntartható felszín alatti víz -gazdálkodás biztosítékaként.

Területi szint

Területi Vízügyi Igazgatóságok

Magyarországon 12 területi vízügyi igazgatóság (VIZIG) felelős az árvizek, aszályok, belvíz és a nem megfelelő vízminőség okozta károk elleni védelemért, valamint a víztestek minőségi és mennyiségi állapotának figyelemmel kíséréséért és értékeléséért. Funkcionális területeik az részvízgyűjtő területeket követik, és nem egyeznek meg a megyék közigazgatási határaival (2.3 ábra).

2.3. ábra: A Területi Vízügyi igazgatóságok (VIZIG-ek) működési területei

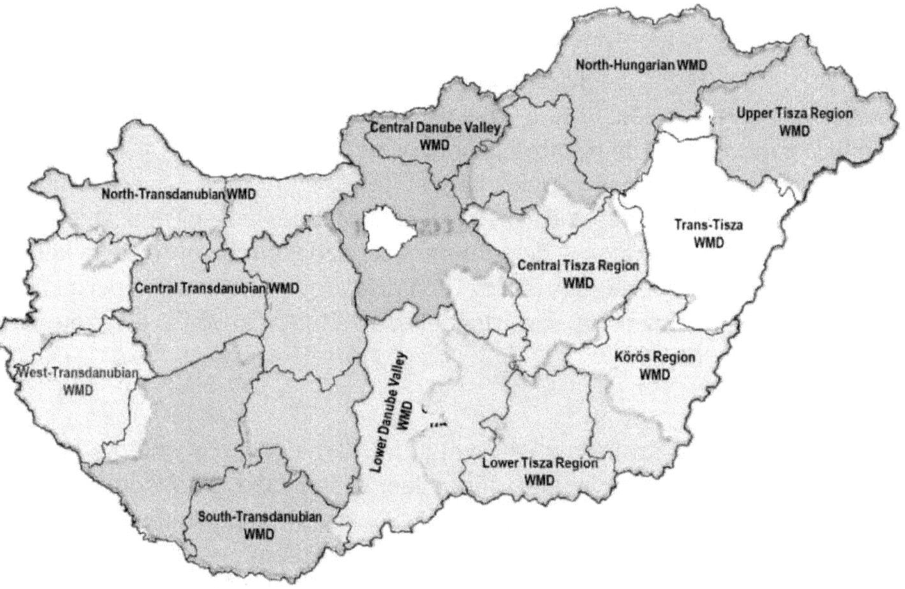

Megjegyzés: A vonalak a vármegyehatárokat jelölik, míg a színek a Területi Vízügyi Igazgatóságok (VIZIG-ek) területeit jelzik.
Megjegyzés: North Transdanubian WMD = Észak-Magyarországi VIZIG, Central Danube Valley WMD = Közép-Duna-völgyi VIZIG, North Hungarian WMD = Észak-Magyarországi VIZIG, Upper Tisza Region WMD = Felső-Tisza-vidéki VIZIG, Central Transdanubian WMD = Közép-Dunántúli VIZIG, West Transdanubian WMD = Nyugat-Dunántúli VIZIG, South Transdanubian WMD = Dél-Dunántúli VIZIG, Lower Danube Valley WMD = Alsó-Duna-vidéki VIZIG, Lower Tisza Region WMD = Alsó-Tisza-vidéki VIZIG, Trans Tisza WMD = Tiszántúli VIZIG, Körös Region WMD = Körös-vidéki VIZIG, Central Tisza Region WMD = Közép-Tisza-vidéki VIZIG.
Forrás: A Nyugat-Dunántúli Vízügyi Igazgatóság (2025[19]) és a Lechner Tudásközpont (n.d.[20]) alapján.

A VIZIG-ek állami tulajdonú eszközöket kezelnek, mint például az árvíz és a belvízi elöntés elleni védelmi rendszerek, a vízelvezető hálózatok és az öntözőinfrastruktúra. Emellett kezelik és fejlesztik a hidrográfiai monitoring rendszert, valamint értékelik a joghatóságuk alá tartozó víztestek minőségi és mennyiségi állapotát. Ezen felül vízremediációs (azaz a vízből a szennyező anyagok és szennyeződések eltávolítása) és aszálykezelési feladatokat is ellátnak, ideértve az aszály monitoringját és a víz tárolására és szállítására szolgáló vízi létesítmények, például csatornák és szivattyúk kezelését. A VIZIG-ek támogatják az önkormányzatokat a vízellátás és a szennyvízelvezetés biztosításában, valamint a vízellátás és a szennyvízelvezetés javítását célzó nemzeti programok végrehajtásában. A VIZIG-ek létrehozása előtt a vízitársulatok jelentős szerepet játszottak a vízi infrastruktúra kezelésében, de számuk és tevékenységük mértéke az elmúlt három évtizedben csökkent (2.3 keretes szöveg).

2.3. keretes szöveg: Vízitársulatok

A vízitársulatok vagy vízügyi tanácsok Magyarországon több mint két évszázados hagyományokkal rendelkeznek, és eredetileg a mezőgazdasági termelők, földtulajdonosok és földhasználók támogatására jöttek létre, hogy segítsék őket a vízgyűjtő területek helyi vízgazdálkodási kihívásainak kezelésében. Történelmileg ezek a társulások számos regionális vízgazdálkodási feladatot láttak el, többek között a folyók szabályozását, az árvízvédelmet és a vízellátást. Központi szerepet játszottak Magyarország mintegy 100 000 km-es csatornahálózatának, valamint a kapcsolódó szivattyúzási és öntözési infrastruktúra kezelésében.

A második világháború utáni hanyatlás után a vízügyi tanácsok az 1960-as és 1990-es évek között újra a vízgazdálkodás kulcsfontosságú szereplőivé váltak, szoros együttműködésben a nagy állami és szövetkezeti mezőgazdasági vállalkozásokkal. Ebben az időszakban fő feladataik közé tartozott a földterületek vízelvezetése, öntözése és rekultiválása. Egy sor egyesülés eredményeként a vízügyi tanácsok száma az 1990-es évekre körülbelül 67-re stabilizálódott. Az 1992-ben megkezdődött mezőgazdasági privatizáció a földtulajdon felaprózódásához és a vízügyi tanácsok irányításának és finanszírozásának kiigazításához vezetett.

Az 1995. évi vízgazdálkodási törvény óta a vízügyi tanácsok számos operatív feladata átkerült a VIZIG-ekhez, és a közvetlen kormányzati támogatás fokozatosan csökkent. Bár a vízügyi tanácsok száma és tevékenységi szintje csökkent, a 2009. évi vízitársulatokról szóló törvény keretében továbbra is működnek az ország több részén, különböző szervezeti kapacitással és helyi elkötelezettséggel.

Forrás: (National Union of Water Management Associations, n.d.[21]).

Vármegyei és járási kormányhivatalok

A 2011. évi önkormányzati törvény és a 2012. évi alkotmányreform új központi kormányhivatalokat hozott létre. Ezek közé tartozik 19 vármegyei kormányhivatal (VKH), egy budapesti Fővárosi Kormányhivatal és 197 járási kormányhivatal (JKH). Ezek a hivatalok jogi felügyeletet gyakorolnak a vármegyei és önkormányzati hivatalok felett, és céljuk a nemzeti kormányzati feladatok és döntések területi végrehajtásának koordinálása és előmozdítása (Government of Hungary, 2025[22]).

A VKH-k és a JKH-k környezetvédelmi hatóságként működnek, és felelősek a környezeti hatástanulmányok elkészítéséért, az engedélyezésért, az ellenőrzésért és a környezetvédelmi előírások betartatásáért. Hatástanulmányok és engedélyek szükségesek többek között öntözőberendezések, szennyvíztisztító telepek, intenzív mezőgazdasági tevékenységek, bányászati tevékenység és felszín alatti víz -kitermelés létesítéséhez. A VKH-k véleményt nyilvánítanak a vármegyei közgyűlések által a Nemzeti Fejlesztési és Területfejlesztési Koncepció alapján elfogadott vármegyei területfejlesztési programokról is (OECD, 2024[23]).

2024. októbere[1] óta a VKH-k vízügyi hatóságként is működnek, és engedélyezési és licencadási feladatokkal rendelkeznek a víz kitermelése, felhasználása és kibocsátása tekintetében a részvízgyűjtők szintjén. A VKH-k szorosan együttműködnek a VIZIG-ekkel, és joghatóságuk a VIZIG-ek 12 működési területéhez igazodik. Ennek eredményeként a 19 VKH közül csak 12 működik vízügyi hatóságként. 2014 és 2024 között az OKF és annak 12 területi katasztrófavédelmi igazgatósága látta el a vízügyi hatóságok feladatait, átvéve azokat a független Környezetvédelmi, Természetvédelmi és Vízügyi Főfelügyelőségtől (OECD, 2018[24]). Az OKF és a területi katasztrófavédelmi igazgatóságok továbbra is felelősek a vészhelyzetek kezeléséért és a polgári védelemért.

Területi és Részvízgyűjtő Vízgazdálkodási Tanácsok

A részvízgyűjtők és kisebb működési, illetve illetékességi területek szintjén működő vízügyi tanácsok konzultációs és tanácsadói platformként szolgálnak a magyarországi vízgazdálkodás számára (OVF, 2023[25]). Magyarország négy részvízgyűjtő területe több kisebb működési, illetve illetékességi területet is magában foglal (2.4 ábra), amelyek pontosan megegyeznek a 12 VIZIG működési területeivel (2.3 ábra). A négy Részvízgyűjtő Vízgazdálkodási Tanács (RVT), és a 12 Területi Vízgazdálkodási Tanács (TVT) több érdekelt felet is bevon, köztük a nemzeti, vármegyei és önkormányzati hivatalokat, a helyi közösségeket, a nem kormányzati szervezeteket és a tudományos szervezeteket. Minden VIZIG tagként vesz részt és titkársági feladatokat lát el mind a TVT-k, mind az RVT-k számára. A tanácsok legfeljebb 25 tagból állnak (2.1 táblázat), és évente legalább kétszer üléseznek, hogy véleményt nyilvánítsanak a nemzeti és területi tervekről, programokról és stratégiákról. Az RVT-k elősegítik a TVT-k és a nemzeti tanács közötti kommunikációt, és konzultálnak velük a részvízgyűjtő-területi vízgazdálkodási tervek (RVGT) kidolgozása során. A TVT-k elősegítik a koordinált vízgazdálkodási tervezést és a területi hivatalok és szakemberek vízzel kapcsolatos feladatainak egységes végrehajtását a vízgyűjtő-területek szintjén. Ezenkívül értékelik és ajánlásokat tesznek a vízkészlet-gazdálkodással, az ivóvízellátással és a szennyvízgazdálkodással, a területi vízi beruházásokkal és a vízkárok ellenőrzésével kapcsolatos tervekre és programokra vonatkozóan, valamint adott esetben meghatározzák a határvízi vízgazdálkodási együttműködés prioritásait a saját területükön.

2.4. ábra: Magyarország négy részvízgyűjtő területe

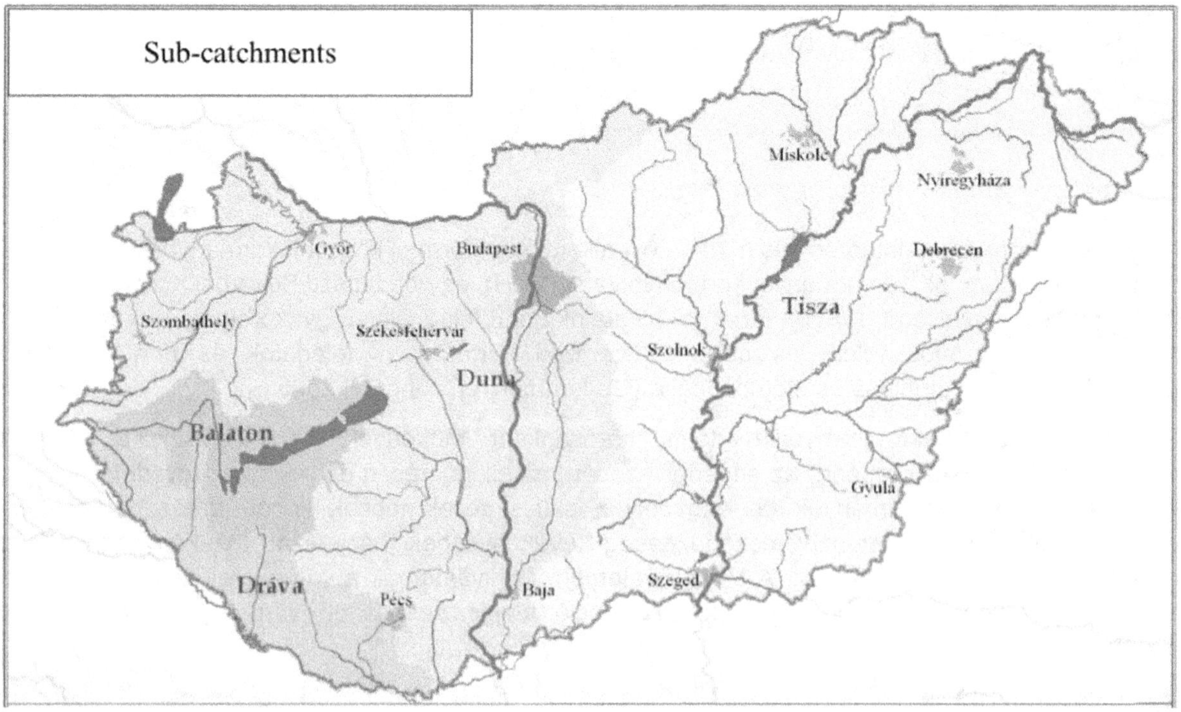

Megjegyzés: A kiemelt települések a 12 VIZIG székhelyei.
Megjegyzés: Sub-catchments = Részvízgyűjtők
Forrás: (OVF, 2009[26]).

2.1. táblázat: A Területi Vízgazdálkodási Tanácsok összetétele

Irányítás	Területi Vízgazdálkodási Tanácsok (TVTk)	Részvízgyűjtő Vízgazdálkodási Tanácsok (RVTk)
Tagok: Egy kijelölt képviselő...	• A vízgazdálkodásért felelős minisztérium • A víztestek védelméért felelős minisztérium • Az illetékes VIZIG • Az illetékes regionális vízügyi hatóság • Az illetékes regionális környezetvédelmi hatóság • Az illetékes regionális természetvédelmi hatóság • Az illetékes erdészeti hatóság • Az illetékes nemzeti park igazgatóság • Az illetékes közegészségügyi hatóság • Az illetékes talajvédelmi hatóság	• A részvízgyűjtő területen működő minden TVT • A megfelelő VIZIG • Az illetékes regionális vízügyi hatóság • Az illetékes regionális környezetvédelmi és természetvédelmi hatóság • Az illetékes erdészeti hatóság • A megfelelő nemzeti park igazgatóság • Az illetékes közegészségügyi hatóság
Részt vehet: egy kijelölt képviselő...	• A vármegyei önkormányzat • Turisztikai Desztináció Menedzsment szervezetek • A regionális agrárkamara • A regionális mérnökök kamarája • A regionális kereskedelmi és iparkamara • Helyi önkormányzatok • Vízgazdálkodási társulat • Közüzemi ivóvízellátást és szennyvízelvezetést biztosító gazdasági szervezetek • Nem kormányzati szervezetek és szakmai-tudományos szervezetek	• Civil szervezetek (3 képviselő) • Vízhasználók (3 képviselő) • Szakmai tudományos szervezetek (3 képviselő) • Az érintett vármegyei önkormányzat • Az érintett helyi önkormányzatok
Elnök	• A tagok az elnököt abszolút többséggel választják	• A tagok az elnököt abszolút többséggel választják
Titkárság	• Az illetékes VIZIG	• Az illetékes VIZIG

Forrás: 1587/2018. (XI. 22.) Korm. határozat. a vízgazdálkodási tanácsokról

Vármegyék és önkormányzatok

A vármegyei önkormányzatok felelősek a területhasználati tervezésért, valamint a regionális és vidékfejlesztésért. Vezetésüket olyan tanácsok látják el, amelyek tagjait (tanácsosok) közvetlenül négyéves mandátumra titkos szavazással választják meg (OECD and UCLG, 2025[27]). A vármegyei önkormányzatok támogatják a VKH-kat környezetvédelmi és vízügyi feladataik ellátásában, és együttműködnek a TVT-kkel és az RVT-kkel.

Az önkormányzatok többek között a helyi környezetvédelmi feladatokért, a lakhatási és földhasználati tervezésért felelősek. Környezetvédelmi feladataik részeként biztosítják a nemzeti jogszabályok helyi végrehajtását, programokat dolgoznak ki, önkormányzati rendeleteket hoznak, értékelik a környezet állapotát, és együttműködnek más önkormányzatokkal a vármegyei szintű programok kidolgozásában.

Az önkormányzatok felelősek továbbá a lakosság vízellátásának és szennyvízelvezetésének biztosításáért is (2.4 keretes szöveg). Ez magában foglalja a vízellátási és szennyvízelvezetési infrastruktúra fejlesztését és karbantartását, a vízellátási és szennyvízelvezetési szolgáltatók infrastruktúra-üzemeltetésének engedélyezését, valamint a szolgáltatók tevékenységének ellenőrzését. Az állami tulajdonú víziközművekkel ellentétben, ahol a nemzeti kormány átlagosan 94,4%-os tulajdonrésszel rendelkezik és átlagosan 668 000 ügyfelet szolgál ki, a legtöbb önkormányzati tulajdonú közmű kisebb tulajdonrésszel rendelkezik és átlagosan 228 000 ügyfelet szolgál ki (State Audit Office, 2022[28]). Ezen szolgáltatók működési területe nem egyezik meg a megyék, kisebb működési egységek, és részvízgyűjtő területek közigazgatási határaival. A Magyar Víziközmű Szövetség képviseli a szolgáltatók érdekeit, szakmai támogatást nyújt tagjainak, és elősegíti az együttműködést a vízgazdálkodási ágazat szolgáltatói, kereskedelmi és szolgáltató vállalatai, a helyi önkormányzatok és a társadalmi szervezetek között (Hungarian Water Utility Association, 2025[29]).

2.4. keretes szöveg: A vízellátás és a szennyvízelvezetés szabályozása Magyarországon

A vízellátási és szennyvízelvezetési szolgáltatások szabályozási kerete Magyarországon a szélesebb értelemben vett vízgazdálkodási rendszer részeként kezdődött, majd egy különálló, ágazatspecifikus modellé fejlődött. Ezeket a szolgáltatásokat a 2011. évi víziközmű törvény szabályozza, amely meghatározza az ágazat intézményi struktúráját, tulajdonosi rendszerét, engedélyezési keretét és a szolgáltatásnyújtási felelősségeket.

A törvény három fő jogviszonyt határoz meg:

- *A víziközmű eszközök tulajdonjoga:* Az eszközök csak az önkormányzatok vagy az állam tulajdonában lehetnek. Míg korábban a magántőke 49%-os részesedéssel rendelkezhetett a közművekben, a 2007-es jogszabályi változások megtiltották a további magánbefektetéseket.
- *Felelősség a szolgáltatásnyújtásért:*. Az állam vagy a települési önkormányzat (a továbbiakban együtt: ellátásért felelős) kötelessége és joga gondoskodni a közműves ivóvízellátással és a közműves szennyvízelvezetéssel és -tisztítással kapcsolatos víziközmű-szolgáltatási feladatok elvégzéséről Ha több önkormányzat érintett, akkor egy önkormányzatot kijelölnek, hogy az összes önkormányzat nevében járjon el.
- *Közművek üzemeltetése:* A szolgáltatásnyújtásért felelős szervezetnek ki kell választania a szolgáltatókat és felügyelnie kell az infrastruktúra fejlesztését.

Az üzemeltetési szerződések általában bérleti-üzemeltetési konstrukciók, vagyonkezelési szerződések vagy koncessziók, amikor aktív üzemeltetési szerződés hiányában végső esetben üzemeltetőt neveznek ki. Az egyes szerződéstípusok különböző jogi rendelkezéseket, jogokat és kötelezettségeket tartalmaznak:

- *Vagyonkezelési szerződés:* Az üzemeltető teljes tulajdonosi felelősséget vállal, beleértve a könyvelést és a jelentéstételt is. A szerződés lehetővé teszi az eszközök használatát (az eladás kivételével) és az értékcsökkenés elszámolását – ez a legfontosabb különbség más szerződéstípusokhoz képest.
- *Konzorciumi szerződés:* Az üzemeltető feladata a konzorcium időtartama alatt az újjáépítés és az értéknövelő felújítások, és jogosult az eszközhasználatból származó bevételek beszedésére. Ezért az üzemeltető érdeke, hogy megfelelő beruházásokat hajtson végre, és legalább a közüzemi eszközök könyv szerinti értékét fenntartsa.
- *bérleti-üzemeltetési rendszer:* A szolgáltatásnyújtásért felelős szervezet bérbe adja az eszközöket az üzemeltetőnek, cserébe bérleti díjért. A szolgáltatásnyújtásért felelős szervezetnek a bérbeadásból származó bevételeket infrastrukturális karbantartásra és fejlesztésre kell újra befektetnie.

Forrás: (KPMG & MaVíz, 2015[30]), (Szabó and Garcia Quesada, 2017[2]), (Veolia, n.d.[31]), (State Audit Office, 2022[28]), (MaVíz, 2025[32]).

Határon átnyúló együttműködés

Nemzetközi Duna-védelmi Bizottság (IPCDR)

Az ICPDR a Duna Védelmi Egyezmény végrehajtó szerve, amely a Duna vízgyűjtő terület határokon átnyúló kezelésének fő jogi kerete (ICPDR, 2025[33]). A Duna-medence 19 országot és 300 mellékfolyót ölel fel, így a világ leginkább nemzetközi jellegű vízgyűjtő területe, az ICPDR pedig az egyik legnagyobb és legaktívabb nemzetközi folyógazdálkodási bizottsága. Magyarország az ICPDR 15 teljes jogú szerződő fele[2] közé tartozik.

Az ICPDR vízgazdálkodási megközelítése három alapvető pillérre épül: (i) a települések, az ipar és a mezőgazdaság által okozott szennyezés csökkentése a vízminőség védelme érdekében; (ii) a folyók, mint ökoszisztémák védelme, biztosítva azok képességét a vízi biodiverzitás fenntartására és olyan alapvető szolgáltatások nyújtására, mint az ivóvízellátás, a rekreáció és az ökológiai egyensúly; valamint (iii) az árvízvédelem javítása, biztonságosabb életkörülmények teremtése és a súlyos árvízkárok kockázatának csökkentése. Az ICPDR a Duna vízgyűjtő területén az EU Víz Keretirányelvének és az EU Árvízi Irányelvének határokon átnyúló vonatkozásainak végrehajtásának fő platformja. A vízgyűjtő-gazdálkodási terveket és az árvízkockázat-kezelési terveket az egyes országok hozzájárulásai alapján készítik el a teljes vízgyűjtő területre vonatkozóan.

Az ICPDR félévente ülésezik a szerződő felekkel és a megfigyelő szervezetekkel (ICPDR, 2025[34]). A megfigyelők a társadalmi, kulturális, gazdasági és környezeti érdekelt felek széles spektrumát képviselik, és döntéshozatali jog nélkül vesznek részt a szakértői, munkacsoporti és plenáris üléseken. Az üléseket az ICPDR elnöke vezeti, az elnöki tisztséget évente rotációs alapon töltik be a tagországok. Az érdemi szakmai munkát hét állandó szakértői csoport végzi, amelyek tagjai a releváns minisztériumok, nem kormányzati szervezetek és tudományos körök szakértői. Évente két-három alkalommal üléseznek, és feladataik közé tartozik a medence egészére kiterjedő összehangolt fellépéshez szükséges jelentések és ajánlások elkészítése. Az ICPDR időben és célban korlátozott munkacsoportokat is létrehozhat konkrét célok elérése érdekében.

Határvízi Bizottságok

Az OVF és az érintett VIZIG-ek Magyarország hét szomszédos országával (Ausztria, Horvátország, Románia, Szerbia, Szlovákia, Szlovénia és Ukrajna) határvízi bizottságokban vesznek részt, hogy szakmai és műszaki szinten koordinálják a vízügyi hatóságok tevékenységét. Ezeket a bizottságokat közös szabályozások irányítják, és határvízi titkárságok, albizottságok és szakértői csoportok támogatják regionális vagy vízgyűjtő-területi alapon (OVF, 2023[35]). Egyes megállapodások több évtizedes múltra tekintenek vissza, mint például az Ausztriával és Szlovákiával 1956-ban, illetve 1976-ban kötött megállapodások. Magyarország öt további határon átnyúló megállapodását az elmúlt három évtizedben írták alá, köztük a legutóbbit Szerbiával 2019-ben, amely feloszlatta a korábbi Magyar-Szerb Vízgazdálkodási Bizottságot. A határvízi bizottságok együttműködésének fő területei között szerepel az árvíz és a belvízi elöntés elleni védelem, a vízhasználat, a hidrográfiai adatok és előrejelzések gyűjtése és cseréje, valamint a vízminőség védelme (ICPDR, 2024[36]).

A vízügyi jogalkotási és politikai keret

Magyarország víz- és éghajlat-politikája az elmúlt három évtizedben jelentősen fejlődött, amelyet a nemzeti prioritások és az uniós követelmények alakítottak (2.5 ábra). Az 1995-ben elfogadott, a vízgazdálkodásról és a környezetvédelemről szóló alapvető jogszabályok megteremtették a nemzeti vízgazdálkodás alapjait. Magyarország 2004-es EU-csatlakozása óta a vízgazdálkodást az EU irányelveinek, például a Víz Keretirányelvnek (VKI), a települési szennyvízkezelésről szóló irányelvnek (UWWTD), az Ivóvíz irányelvnek (DWD) és az Árvízvédelmi irányelvnek az átültetése is befolyásolta. A 2010-es évektől kezdődően a nemzeti reformok tovább pontosították a vízgazdálkodásért felelős kormányzati szervek szerepeit, felelősségi köreit és működési területeit, szabályozták a vízellátást és a szennyvízelvezetést, létrehozták az öntözés jogi kereteit, és törekedtek a szárazságok jobb kezelésére és a veszélyeztetett felszín alatti vízkészletek védelmére.

Magyarország Nemzeti Vízstratégiája (2017–2030) és Harmadik Vízgyűjtő-gazdálkodási Terve (2022–2027) átfogó keretet biztosít a fenntartható vízgazdálkodáshoz és tervezéshez, összehangolva a nemzeti prioritásokat az uniós kötelezettségekkel. Ezzel párhuzamosan Magyarország éghajlat-politikáját a nemzeti Éghajlatvédelmi törvény (2020), az Első és Második Nemzeti Éghajlatváltozási Stratégia (2013–2017 és 2018–2030), valamint a Nemzeti Tiszta Fejlődési Stratégia (2020–2050) határozza meg, kiegészítve olyan cselekvési tervekkel, helyi stratégiákkal és operatív programokkal, amelyek hangsúlyozzák a vízgazdálkodás fontosságát az éghajlatváltozás összefüggésében. A szélesebb körű stratégiák és ágazati politikai keretek, mint például a Közös Agrárpolitika Stratégiai Terve (2023–2027), szintén jelentős szerepet játszanak a víz- és éghajlat-politika alakításában.

2.5. ábra: A vízügyi és éghajlat-politikai jogszabályok és politikák időrendje Magyarországon

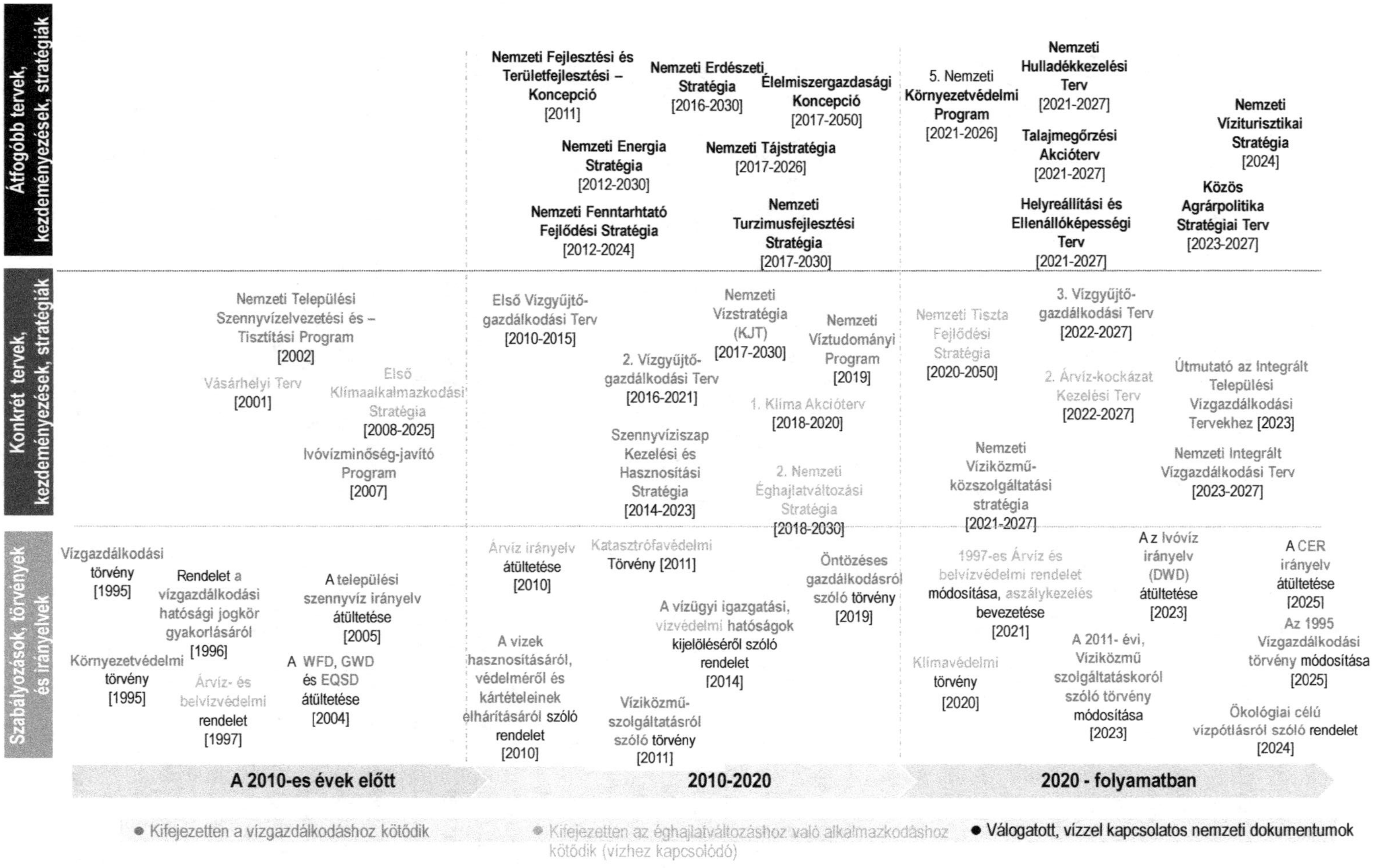

Nemzeti jogszabályok és az uniós irányelvek átültetése

Az 1995. évi **vízgazdálkodási törvény** biztosítja a vízgazdálkodás és vízvédelem jogi kereteit Magyarországon. Meghatározza a vízhasználattal, -megőrzéssel és a vízkárok megelőzésével kapcsolatos főbb jogokat és kötelezettségeket, amelyek végrehajtásáért az illetékes minisztérium, annak vízügyi szervei és az önkormányzatok felelősek. A 2025. évi módosítás a víz megőrzését és a vízhiány kezelését is az állam feladatkörébe sorolta. A törvény meghatározza a vízfolyásokkal és a vízzel kapcsolatos infrastruktúrával kapcsolatos tulajdonjogokat, szabályozza a vízellátó és szennyvízelvezető üzemeltetők tevékenységét, rendelkezéseket állapít meg a vízkészletek kezelésére és a víz okozta károk (pl. árvizek és vízzsúfoltság) megelőzésére, valamint miniszteri rendeletekkel frissített vízkészletjárulékokat állapít meg. A törvény meghatározza a különböző vízhasználatok prioritási sorrendjét. A legmagasabb prioritást az ivóvízellátás, a közegészségügy és a katasztrófaelhárítás kapja, ezt követik az alapvető közszolgáltatások, a mezőgazdaság (állattenyésztés és halgazdálkodás), a természetvédelem, az öntözés, valamint a gazdasági és rekreációs célú felhasználás.

A vízgazdálkodási törvény szabályozza a vízjogi engedélyek rendszerét. A vízhasználóknak három engedélyre van szükségük a vízkivételhez: az „elvi vízjogi engedélyre", amely felvázolja a javasolt vízhasználati tevékenység legmegfelelőbb műszaki megoldásait; a „vízjogi létesítési engedélyre", amely a vízi létesítmények telepítéséhez szükséges; és a „vízjogi üzemeltetési engedélyre", amely engedélyezi a létesítmény működésének megkezdését. Ezen kívül két további engedélytípus létezik: az egyik a vízi létesítmények megszüntetésére, a másik pedig a létesítmények további üzemeltetésére vonatkozik, ha azok a szükséges építési engedély nélkül épültek, vagy nem felelnek meg annak feltételeinek. A vízkivételi engedélyeket a VKH (vármegyei kormányhivatalok) vízgazdálkodási és vízvédelmi hatáskörükben eljárva. A mezőgazdasági vízkivétel esetében az 2019. évi öntözéses gazdálkodásról szóló törvény alapján létrehozott országos öntözési igazgatási szerv az illetékes. A vízügyi miniszter (jelenleg az Energiaügyi Minisztérium) felügyeleti hatóságként jár el. A vízkivételi engedélyek kiadásakor a hatóságoknak gondoskodniuk kell arról, hogy a tervezett kivételek ne veszélyeztessék a vízkészletek védelmét, az 1995. évi vízgazdálkodási törvénynek megfelelően. Engedély csak akkor adható ki, ha a kért vízmennyiség bizonyíthatóan rendelkezésre áll a meglévő engedélyesek számára, és ha a kitermelés megfelel a vízügyi jogszabályok által előírt vízgazdálkodási, műszaki és biztonsági követelményeknek. A vízügyi hatóságoknak be kell szerezniük a területileg illetékes VIZIG-ek vagyonkezelési hozzájárulását, valamint az adminisztratív eljárásokban részt vevő szakhatóságok szakértői véleményét. Meg kell vizsgálniuk, hogy az engedélykérelem összhangban van-e a vízgazdálkodási törvénnyel, valamint a regionális vízgazdálkodási és árvízvédelmi tervekkel. Az engedélynek tartalmaznia kell a műszaki, üzemeltetési és környezetvédelmi követelményeket is, például a mérőeszközök telepítését.

Az **1995. évi környezetvédelmi törvény** meghatározza a környezetvédelem alapelveit, hangsúlyozva a környezetkárosítás és -szennyezés csökkentését, az emberi egészség védelmét, az életminőség javítását, valamint a természeti erőforrások, többek között a víz megőrzését és fenntartható kezelését. A 2003. évi környezetterhelési díjakról szóló törvénnyel együtt szabályozza a vízgazdálkodási törvény hatálya alá nem tartozó, vízbe kibocsátott szennyező anyagokat, például az ipari és kommunális szennyvizet, és meghatározza az ilyen szennyező anyagok kibocsátására vonatkozó környezetterhelési díjakat.

A magyarországi **2020. évi klímavédelmi törvény** megerősíti az éghajlatváltozás mérséklésének és az ahhoz való alkalmazkodásnak a jogi alapját. A törvény rögzíti a szennyező fizet elvet, szorgalmazza az „arányos és reális" beavatkozásokat az éghajlat-politika kialakításában és végrehajtásában, és előírja, hogy a közpolitikáknak, és az ágazati szabályozásoknak összhangban kell lenniük a fenntarthatósági elvekkel. A törvény kötelezi Magyarországot kötelezi arra, hogy 2050-ig elérje az éghajlat-semlegességet, és 2030-ig 40%-kal csökkentse üvegházhatású gázok kibocsátását az 1990-es szinthez képest. 2025 júniusában Magyarország Alkotmánybírósága alkotmányellenesnek ítélte az utóbbi célt, mivel az nem volt elég magas ahhoz, hogy garantálja az alkotmányban rögzített generációk közötti igazságosság, a testi és lelki egészséghez való jog, valamint az egészséges környezethez való jog elveit (Constitutional Court,

2025[37]). A Bíróság elrendelte, hogy a Parlament 2026. június 30-ig vizsgálja felül a célt, és fogadjon el átfogó, Magyarország és a Kárpát-medence igényeire szabott intézkedéseket az éghajlatváltozás mérséklése és az ahhoz való alkalmazkodás terén.

Magyarország átültette az uniós vízügyi irányelveket a nemzeti jogszabályokba (2.2 táblázat). **A Víz Keretirányelv (2000/60/EK)** (VKI) az Európai Unió víztesteinek integrált kezelésére és védelmére szolgáló legfőbb keretjogszabály amelynek célja a víztestek jó ökológiai és mennyiségi állapotának elérése és fenntartása. A VKI céljainak elérését szolgáló egyik fő eszköz a vízgyűjtő-gazdálkodási tervek (VGT). Ezen túlmenően a magyarországi területrendezési szabályozás összehangolja a föld- és vízkészletek használatának kezelését az adminisztratív és hidrológiai határokon átnyúlóan.

2.2. táblázat: A uniós vízügyi irányelvek magyar jogba való átültetése

EU Irányelv	Rendeletek az EU Irányelvek magyar jogszabályokba történő átültetésére
Víz Keretirányelv (VKI) [2000/60/EC]	A vízgyűjtő-gazdálkodás szabályairól szóló 221/2004 (VII. 21.) kormányrendelet meghatározza a víztestek jó állapotának eléréséhez szükséges intézkedések programját. Ez magában foglalja a Víz Keretirányelv legfontosabb rendelkezéseit, mint például a vízgyűjtő-területek kijelölését, a VGT-k kidolgozását és végrehajtását, a víz minőségi és mennyiségi állapotának figyelemmel kísérését, valamint a nyilvánosság részvételét a vízgazdálkodási tervezésben.
A felszín alatti vizekről szóló Irányelv [2006/118/EC]	A 219/2004 (VII. 21.) sz. felszín alatti víz védelméről szóló rendelet meghatározza a felszín alatti víz kezelésével és védelmével kapcsolatos feladatokat, jogokat és kötelezettségeket. Szabályozza a felszín alatti víz kitermelését és a szennyvíz felszín alatti víztestekbe történő kibocsátását, valamint előírja a szennyezés csökkentését és megelőzését. Emellett integrálja a felszín alatti vizekre vonatkozó -adatok információs rendszerét (FAVI) az Országos Környezetvédelmi Információs Rendszerbe (OKIR).
Árvíz Irányelv [2007/60/EC]	Az árvízkockázat-kezelésről szóló 178/2010. (V. 13.) rendelet az irányelvvel összhangban átfogó keretet hoz létre az árvízkockázat értékelésére, tervezésére és kezelésére. A rendelet felvázolja a legfontosabb folyamatokat, többek között az előzetes kockázatértékelést, a kockázatok feltérképezését, a kockázatkezelési célok meghatározását és a nemzeti árvízkockázat-kezelési terv kidolgozását. Ezt a tervet az OVF készíti el, más érdekelt felek, többek között a regionális fejlesztésért, mezőgazdaságért, közlekedésért és építésért felelős minisztériumok aktív részvételével, az árvízkockázat-kezelés integrált és koordinált megközelítésének biztosítása érdekében.
Ivóvíz Irányelv [2020/2184]	Az ivóvíz minőségi követelményeiről és ellenőrzés rendjéről szóló 5/2023 rendelet meghatározza az ivóvízben található különböző szennyező anyagok, például arzén vagy higany koncentrációjára vonatkozó minőségi követelményeket és küszöbértékeket, valamint az ivóvízzel kapcsolatos kockázatértékelés és -kezelés szabványait. A rendelet felvázolja az ivóvíz minőségének ellenőrzésére és vizsgálatára vonatkozó elveket. Lehetővé teszi továbbá az NNGyK számára, hogy megtiltsa vagy korlátozza a vízfogyasztást, ha a víz minősége nem felel meg a minőségi követelményeknek és veszélyeztetheti az emberi egészséget.
Települési szennyvízkezelési irányelv [91/271/EEC] / Módosítás [2024/3019/EEA]	A 25/2002 (II. 27.) számú, a Nemzeti Települési Szennyvízelvezetési és -tisztítási Megvalósítási Programról szóló rendelet biztosítja a települési szennyvízkezelési irányelvnek való jogszabályi megfelelést. A rendelet előírja a kormánynak, hogy kétévente felülvizsgálja – és szükség esetén módosítsa – a programot, és a felülvizsgálatról tájékoztassa az Európai Bizottságot.
A környezetvédelmi minőségi szabványok irányelve [2008/105/EC]	A felszíni vizek minőségének védelméről szóló 220/2004 (VII. 21.) kormányrendelet szabályokat határoz meg a felszíni vizek minőségének megőrzésére és javítására, szabványokat állapít meg a jó vízminőség elérésére és fenntartására a szennyvízkibocsátások és a helyreállítási folyamatok szabályozása révén, valamint biztosítja a vízi, vizes élőhelyek és vízparti élőhelyek, valamint az élő szervezetek fenntartásához szükséges feltételeket.
Kritikus Fontosságú Szervezetek Rezilienciájáról szóló Irányelv [2022/2557]	A kritikus szervezetekről szóló irányelv végrehajtásáról szóló 474/2024 (XII. 31.) rendelet meghatározza az országos reziliencia szempontjából kritikusnak minősített infrastruktúrákra és szervezetekre vonatkozó ágazatspecifikus eljárásokat és műszaki követelményeket. A Katasztrófavédelmi Főigazgatóságot jelöli ki a kritikus infrastruktúrák rezilienciájáért felelős hatóságként, a MEKH támogatásával. Meghatározza a kritikus infrastruktúra-üzemeltetők kötelező besorolási kritériumait és reziliencia-szintjeit, valamint a reziliencia-tervek szükséges elemeit.

A magyarországi vízügyi jogszabályok későbbi fejlesztései a következőket célozták:

- Az ökológiai vízpótlás fogalmának meghatározása [147/2010 (IV. 29.) rendelet], mint a felesleges felszíni vagy rendelkezésre álló víz árterületekre vagy alacsonyan fekvő területekre történő kibocsátása vízmegtartási vagy környezetvédelmi célokból, a fenntartható vízkészlet-gazdálkodás biztosítása érdekében.

- A vízellátási és szennyvízelvezetési szolgáltatások szabályozása (2011. évi vízügyi törvény), meghatározta a szabályozó hatóság (MEKH), a szolgáltatók, a nemzeti kormány és az önkormányzatok jogait és felelősségeit, valamint meghatározva az engedélyezési eljárást és a díjszabási szabályokat.
- A vízgazdálkodásért és a vízvédelemért felelős kormányzati szervek, nevezetesen az OVF, a VIZIG-ek és a vízügyi hatóságok szerepeinek, feladatainak és működési területeinek meghatározása [223/2014 (IX.4.) sz. rendelet].
- Az öntözés jogi kereteinek megteremtése (2019. évi törvény az öntözéses gazdálkodásról), elősegítve az öntözési beruházásokat a mezőgazdaságnak a csökkent csapadékmennyiség jelentette kihívásokhoz való alkalmazkodása érdekében, valamint öntözésfejlesztési tervek kidolgozása az öntözéshez alkalmas területek, technológiák és feltételek meghatározása érdekében.
- A szárazságok jobb kezelése [35/2021 (X. 14.) rendelet] a szárazságkezelés beépítésével, a vízzel kapcsolatos kockázatok elleni védelem és a felszíni vizek monitoringjára vonatkozó meglévő keretekbe. A rendelet a hidrológiai előrejelzések és a magyar aszályindex felhasználásával lehetővé teszi „aszályövezetek” létrehozását és fokozatos készültségi szintek kihirdetését, valamint felhatalmazza a vízügyi hatóságokat, hogy országos szintű kihirdetések helyett vízmegtartási, -átviteli és keresletvédelmi intézkedéseket alkalmazzanak. A rendelet kötelezi a VIZIG-eket, hogy részvízgyűjtő, és járási szinten Aszálykezelési terveket dolgozzanak ki, és felelősségeket osszanak ki olyan intézkedésekre, mint a vízmegtartás, a vízelosztás, a vízveszteség csökkentése, valamint a háztartások, az ökoszisztémák és a mezőgazdaság vízellátásának biztosítása.
- „Különleges vízkészlet-gazdálkodási területek” létrehozása, ahol speciális szabályok és monitoring követelmények vonatkoznak a veszélyeztetett felszín alatti víztestek fenntartható használatának biztosítására [221/2025 (VII. 24.) rendelet].

Vízügyi programok, stratégiák és tervek

Nemzeti Vízstratégia (2017-2030)

A Nemzeti Vízstratégia (Kvassay Jenő Terv, KJT) 2017–2030 meghatározza Magyarország vízgazdálkodási stratégiai irányvonalát és támogatja a Víz Keretirányelv végrehajtását. Hét stratégiai célkitűzést, 26 egymással összefüggő célt és ezekhez a célokhoz rendelt eszközöket és intézkedéseket határoz meg (2.6 ábra). A feladatokat és intézkedéseket középtávon (2017–2020) kell végrehajtani. 2025 decemberében a stratégia felülvizsgálata folyamatban volt, amelynek első lépéseként a Vízügyi Tudományos Tanács meghatározta a stratégia felülvizsgálatra szoruló fejezeteit. A felülvizsgálat befejezése után az eredmények megfelelő platformon kerülnek közzétételre, hogy véleményezni lehessen őket.

2.6. ábra: Magyarország Nemzeti Vízstratégiájának stratégiai céljai

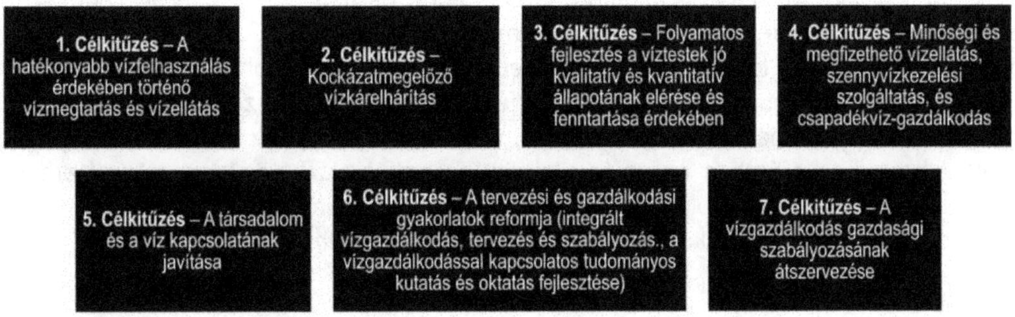

Forrás: OVF (2015[37]).

Harmadik Vízgyűjtő-gazdálkodási Terv (2022-2027)

A VKI előírásainak megfelelően Magyarország az EU tervezési időszakonként egy nemzeti vízgyűjtő-gazdálkodási tervet (VGT) és négy részvízgyűjtő-gazdálkodási tervet készít a Duna, a Tisza, a Dráva és a Balaton vízgyűjtő területeire. Ezeket a terveket 42 részvízgyűjtő-gazdálkodási terv támasztja alá, amelyek ugyanazon rendelet hatálya alá tartoznak, de nem kerülnek közzétételre. Az EM felügyeli a vízgyűjtő területek vízügyi tervének kidolgozását és jóváhagyását, míg az OVF felelős a nemzeti vízgyűjtő-területek vízügyi tervének kidolgozásáért és koordinálja a 12 VIZIG-et a vízminőség és -mennyiség értékelése érdekében a saját működési területeiken (OVF, 2025[38]). A vízgyűjtő-területek szintjén a vízgyűjtő-gazdálkodási tervek kidolgozása a kijelölt VIZIG-ek[3] feladata. A Duna folyó egészének van egy saját nemzetközi VGT-je (2.5 keretes szöveg), aminek célja: (i) megelőzni a vízi és vizes élőhelyek állapotának romlását, megóvni, és javítani azok állapotát; (ii) a rendelkezésre álló vízkészletek hosszú távú védelme révén elősegíteni a víz fenntartható használatát; (iii) a károsanyag-kibocsátás csökkentésével javítani a vízminőséget; (iv) fokozatosan megszüntetni a veszélyes anyagok használatát; (v) fokozatosan csökkenteni a felszín alatti víz szennyezettségét és megelőzni a további szennyeződést; valamint (vi) enyhíteni az árvizek és aszályok káros hatásait (OVF, 2022[39]).

2.5. keretes szöveg: Határokon átnyúló vízgazdálkodási stratégiák és tervek

A Duna Vízgyűjtő-gazdálkodási Terv (DRBMP) egy stratégiai dokumentum, amelyet a Duna Védelméért Nemzetközi Bizottság (ICPDR) készített a Víz Keretirányelvnek megfelelően. Az első DRBMP (2009–2015) átfogó, a vízgyűjtő egészére kiterjedő terhelés- és hatáselemzést tartalmazott, azonosította a jelentős vízgazdálkodási kérdéseket és meghatározta a környezetvédelmi célokat. A második DRBMP (2016–2021) fokozta a nemzeti vízgazdálkodási tervek integrációját, nagyobb hangsúlyt fektetett az éghajlatváltozáshoz való alkalmazkodás integrálására, és erősítette az összehangolást az EU Duna-régióra vonatkozó stratégiájával (EUSDR) és a Duna első Árvízkockázat-kezelés Tervével (DFRMP). A harmadik DRBMP (2022–2027) hangsúlyosabban foglalja magában hangsúlyt az éghajlati rezilienciát, a természetalapú megoldásokat és a körforgásos gazdaságot, miközben biztosítja a szinergiákat a második DFRMP-vel (2021). A DFRMP iránymutatást ad a Duna menti államok közös árvízkockázati stratégiáinak kidolgozásához, többek között az árvízkockázatok csökkentésére, a felkészültség és a reagálási képesség javítására, valamint az EU árvízvédelmi irányelvével összhangban a határokon átnyúló együttműködés javítására irányuló összehangolt intézkedések révén.

Az EUSDR-t az Európai Bizottság javaslatára hozták létre, és az EU Miniszterek Tanácsa 2011-ben hagyta jóvá a környezet védelme, a jólét megteremtése és az együttműködés erősítése érdekében a Duna régióban. Az EUSDR több prioritási területet határozott meg, többek között a vízminőséget, a környezeti kockázatkezelést és a biológiai sokféleséget. Magyarország vezető partner a vizek minőségének helyreállításában és fenntartásában, valamint a környezeti kockázatok kezelésében. Az EUSDR célja, hogy hozzájáruljon az uniós vízügyi jogszabályok, különösen a Víz Keretirányelv, a környezeti minőségi normákról szóló irányelv, a felszín alatti vizekről szóló irányelv, az ivóvízről szóló irányelv és a települési szennyvíz kezeléséről szóló irányelv végrehajtásához.

Forrás: (ICPDR, 2021[40]), (ICPDR, 2021[41]), (ICPDR, 2011[42])

Ezeket a célokat egy 119 operatív intézkedésből álló program támogatja, amelynek végrehajtása 2021–2027-re tervezett. Mivel a második VGT-ben tervezett intézkedések többsége nem került végrehajtásra, azokat a harmadik VGT-ben újra bevezették (European Commission, 2025[43]) A harmadik VGT új intézkedéseket vezet be többek között a zöld és kék infrastruktúrával (pl. csapadékvíz-gazdálkodást szolgáló rendszerek) és a vízáramlás feltételeinek javításával kapcsolatban. Ösztönzi az alternatív vízkészletek, például a kezelt szennyvíz mezőgazdasági felhasználását, a háztartásokban a hatékony vízfelhasználást, a környezetterhelési díjakra, a vízkészlet járulékokra és a vízdíjakra vonatkozó szabályozás felülvizsgálatát, valamint a monitoringrendszerek és az információáramlás fejlesztését. A harmadik VGT a Második Nemzeti Éghajlatváltozási Stratégián (2.6 keretes szöveg) alapul, és tartalmaz egy kifejezetten az éghajlati alkalmazkodásra vonatkozó operatív intézkedéscsomagot, amely 97 kapcsolódó intézkedést foglal magában (pl. vízmegtartás mezőgazdasági területeken).

Ezen intézkedések beruházási kerete 5,2 milliárd euróra becsülhető, amelynek 70 %-a a mezőgazdaságra fordítandó (2.3 táblázat). Ezek közé tartoznak a talajjavítási és -védelmi beavatkozások, az állattenyésztő gazdaságok Nitrát irányelv alapján történő modernizálása, valamint a víztakarékos és zöldenergia-megoldások alkalmazása a növénytermesztésben. A 3. VGT beruházásokat a központi költségvetés és az uniós alapok[4] finanszírozzák, ideértve a Helyreállítási és Ellenállóképességi Eszközt, a Kohéziós Alapot és az Európai Mezőgazdasági Vidékfejlesztési Alapot. Körülbelül 6 millió eurót szánnak nem strukturális intézkedések támogatására, például jogalkotási és gazdasági szabályozási javaslatok előkészítésére és a VGT iránymutatások kidolgozására, amelyeket várhatóan a központi kormányzat fedez.

2.3. táblázat: Magyarország harmadik Vízgyűjtő-vízgazdálkodási Tervében (VGT3) tervezett beruházások

Beruházási terület	millió euró
mezőgazdaság	3 715.1
hidromorfológiai beavatkozások	397.1
biodiverzitás védelme	382.9
vízgazdálkodás és a vízforrások védelme	334.3
szennyvízkezelés	285.7
ivóvízellátás	77.1
ipari és szennyezett területek rehabilitációja	28.6
halászat	20
Összesen	**5 240.8**

Megjegyzés: Az értékeket az VGT3 elkészítésekor érvényes 350 HUF/EUR árfolyamon számolták. A Közös Agrárpolitikai Alapból finanszírozott mezőgazdasági tematikus terület értékeit 365 HUF/EUR árfolyamon számolták.
Forrás: (OVF, 2022[39]).

2.6. keretes szöveg: Nemzeti és helyi éghajlatváltozási alkalmazkodási stratégiák és tervek

A második **Nemzeti Éghajlatváltozási Stratégia (NÉS-2)** Magyarország átfogó alkalmazkodási keretrendszerét határozza meg a 2018–2030 közötti időszakra. Az első stratégiára építve, amely vízzel kapcsolatos intézkedéseket vázolt fel, mint például a jobb monitoring, az infrastruktúra fejlesztése és a víztakarékos gyakorlatok, a NÉS-2 szisztematikusabban integrálja az alkalmazkodást a nemzeti és helyi politikába. Tartalmaz egy Dekarbonizációs Ütemtervet, egy alkalmazkodási stratégiát és egy éghajlattudatosságot előmozdító cselekvési tervet. A végrehajtás nemzeti éghajlatváltozási cselekvési tervek keretében történik, amelyek eredetileg hároméves ciklusban voltak tervezve. Míg az első cselekvési terv a 2018–2020 közötti időszakra vonatkozott, a jogszabályi előírás ellenére, miszerint azokat háromévente frissíteni kell, az azt követő tervek nem kerültek közzétételre. A NÉS-2 a KJT-t és az VGT-t ismeri el Magyarország fő vízügyi tervezési eszközeként, és hangsúlyozza annak fontosságát, hogy az éghajlati alkalmazkodási kihívásokat integrálják ezekbe a tervekbe. A NÉS-2 részeként a Nemzeti Alkalmazkodási Stratégia (NAS) egy alkalmazkodási eszközkészletet biztosít, amely területi sebezhetőségi értékelések alapján határozza meg a prioritást élvező intézkedéseket olyan ágazatokban, mint a vízgazdálkodás, az energia, az épített környezet, a várostervezés és az idegenforgalom. Ez az eszközkészlet értékeli a vízi infrastruktúra árvízzel szembeni ellenálló képességét, és megvizsgálja a vízhiánnyal kapcsolatos kihívásokat, beleértve a mezőgazdaságra, az erdőgazdálkodásra és a természetes élőhelyekre gyakorolt lehetséges hatásokat.

A NÉS-2-vel összhangban a helyi hatóságok önkéntes **helyi éghajlat-stratégiá**kat dolgozhatnak ki olyan konkrét területeken, mint a városi hőmérséklet-csökkentés, a fenntartható energiafelhasználás, a katasztrófakockázat-kezelés, valamint a klímaváltozással kapcsolatos társadalmi tudatosság és oktatás. Mind a 19 vármegye és mind a 132 település kidolgozott ilyen stratégiákat az Energiahatékonysági és Környezetvédelmi Operatív Program pénzügyi támogatásával és a Nemzeti Alkalmazkodási Központ által kidolgozott kézikönyvek módszertani támogatásával.

A **2020–2050-es Nemzeti Tiszta Fejlesztési Stratégia** egy 30 éves társadalmi-gazdasági és technológiai fejlesztési útvonalat vázol fel, amelynek célja a klímasemlegesség elérése 2050-ig. Az energia-, az ipar-, a mezőgazdasági, a földhasználati és a hulladékgazdálkodási ágazatokra vonatkozó ágazatspecifikus elemzéseket tartalmaz, beleértve a szennyvízkezelést is. A vízhiány tekintetében a stratégia kiemeli a csapadék visszatartásának fontosságát a gazdaságokban, a háztartásokban és az önkormányzatokban, míg az árvízvédelem és a területrendezés közötti nagyobb integráció hozzájárulna az árvizek enyhítéséhez.

Forrás: (NAKFO, 2019[44]), (EEA, 2023[45]), (Ministry of Innovation and Technolgy, 2018[46]), (Government of Hungary, 2020[47]).

Integrált Vízkészlet-gazdálkodási Országos Terv (IVOT) (2023-2027)

Az Integrált Vízkészlet-gazdálkodási Országos Terv (IVOT) rövid távú (2023–2027) technikai keretet biztosít a vízkészlet-gazdálkodáshoz, összhangban a Nemzeti Vízstratégiával. Az IVOT elsősorban döntéshozatali és technikai háttérként szolgál a beavatkozások (pl. vízmegtartás, vízpótlás, aszályreziliencia intézkedések) prioritásainak meghatározásához, de jogilag nem kötelező érvényű és nem is kell róla jelentést tenni. Az IVOT intézkedéseit gyakran az VGT vagy más tervek keretében hajtják végre, és előrehaladásukat is ezeken a kereteken belül figyelemmel kísérik.

Az IVOT tartalmaz egy vízkészlet-egyensúlyi modellt, és meghatározza az éghajlatváltozással szembeni ellenálló képességet szolgáló prioritási intézkedéseket, becsült költségvetése 800 millió EUR. A strukturális intézkedések közé tartoznak a kék, zöld és szürke infrastruktúrába történő beruházások, amelyek új létesítményeket, valamint a meglévő infrastruktúra bővítését vagy fejlesztését jelentik. A nem strukturális intézkedések közé tartoznak a szabályozási beavatkozások (pl. a felszíni vízgazdálkodásra vonatkozó jogszabályok módosítása), a stratégia és a program kidolgozása (pl. a vízkészletek gazdálkodásának társadalmi-gazdasági értékelése), a vízhasználati rendszerek meghatározása (pl. a vízszükséglet és a vízhasználat nyilvántartása), a nemzetközi megállapodások (pl. nemzetközi vízpolitikai iránymutatások kidolgozása) és a kutatási és fejlesztési tevékenységek (pl. az ökológiai vízszükséglet meghatározása).

Árvízkockázat-kezelési Terv

Az EU árvízvédelmi irányelv alapján kidolgozott magyarországi Árvízkockázat-kezelési Terv (ÁKT) meghatározza az ország stratégiáját az árvízkockázatok csökkentésére a főbb vízgyűjtő területeken a 2022–2027-es programciklusban. Ez a második ÁKT célul tűzi ki az árvíz okozta károk csökkentését az emberek, a vagyon és az ökoszisztémák tekintetében, miközben erősíti az éghajlati rezilienciát. Tartalmazza a jelentős árvízveszélyes területek veszély- és kockázati térképeit, a strukturális intézkedések – például a gátak megerősítése és a vésztározók – prioritásainak meghatározását, valamint a nem strukturális intézkedéseket, például a jobb előrejelzés, az adatcsere és a nyilvánosság tudatosságának növelése. A terv az VGT-vel való összekapcsolással elősegíti az integrált vízgazdálkodást. Az OVF és a VIZIG-ek vezetik a végrehajtást az ICPDR, a határvízi bizottságok és az EU finanszírozásának támogatásával. 2025 decemberében Magyarország első ÁKT-jének felülvizsgálata folyamatban volt.

Integrált Települési Vízgazdálkodási Tervek

Az Integrált települési vízgazdálkodási tervek (ITVT) önkéntes tervezési dokumentumok, amelyek segítik a településeket a vízgazdálkodás környezetvédelmi, társadalmi és gazdasági célokkal való összehangolásában. Összegyűjtik a települési vízgazdálkodással kapcsolatos releváns információkat a döntéshozatal alapjául, és felvázolják a fenntartható vízgazdálkodás feladatait és elveit egy olyan operatív keretben, amely integrálja a környezetvédelmet és az infrastruktúra fejlesztését. Az ilyen tervek kidolgozása a Nemzeti Vízstratégia 4. célkitűzése alapján prioritásként szerepel, amelynek célja a magas színvonalú vízellátási szolgáltatások és a hatékony csapadékvíz-gazdálkodás biztosítása, a fogyasztók számára méltányos költségmegosztással. E cél eléréséhez elengedhetetlennek tartják módszertanuk megerősítését és a városi tervezésbe való integrálását (OVF, 2023[48]). 2021-ben kidolgozták az ITVT-k elkészítésének módszertani útmutatóját, és az OVF három különböző típusú település – Magyaregregy, Lakitelek és Boldva – számára készített kísérleti terveket.

Egyéb tervek, programok, és stratégiák

Egyéb tervek, programok és stratégiák konkrét vízügyi kihívásokkal foglalkoznak, miközben támogatják a VKI, a KJT és az VGT átfogó célkitűzéseit (2.4 táblázat). Ezek közül több kezdeményezés célja más uniós irányelveknek való megfelelés biztosítása, ideértve a települési szennyvízkezelésről szóló irányelvet, az ivóvízről szóló irányelvet és az árvízvédelmi irányelvet. Mások az éghajlatváltozásra és az infrastruktúra megújítására reagáló nemzeti tervezési igényeket szolgálják, mint például az aszálykezelési tervek és a nemzeti víziközmű- és közszolgáltatási stratégia.

2.4. táblázat: Nemzeti vízügyi tervek és programok Magyarországon

Stratégiák és Tervek	Tartalom	Kapcsolat a VKI-hez, KJT-hez és a VGT-hez
Országos Fejlesztési és Területfejlesztési Koncepció (2014-2030)	Az Országos Fejlesztési Koncepció Magyarország legmagasabb szintű fejlesztési dokumentuma. Kormányzati szerveken átívelő keretként szolgál, amely meghatározza Magyarország 2030-ig szóló fejlesztési vízióját, valamint négy átfogó célt a gazdasági fejlődés, a demográfiai növekedés, a természeti erőforrások fenntartható használata és a környezetvédelem, valamint a fenntartható területi szerkezet területén. Iránymutatást ad az ágazati és	A KJT a Nemzeti Fejlesztési Koncepció égisze alatt működik, és annak vízzel kapcsolatos célkitűzéseit valósítja meg. A Nemzeti Fejlesztési Koncepció a vízügyi keretirányelvnek való megfelelést, valamint az EU egyéb vízzel kapcsolatos irányelveinek (pl. az árvízvédelmi irányelvnek) való megfelelést határozza meg a vízgazdálkodás legfontosabb célkitűzéseiként.

	területi politikákhoz, és meghatározza az uniós és nemzeti finanszírozás prioritásait.	
A Vásárhelyi Terv továbbfejlesztése (2001)	Célja a Tisza mentén az árvízbiztonság növelése. A program magában foglalja a meglévő töltések egyes helyeken történő megemelését, víztározók építését és a magas vízállású folyópartok vízelvezetésének gyorsítását.	A terv hozzájárul a Víz Keretirányelv célkitűzéseihez, mint például a hidromorfológiai állapotok javítása és a vízminőség romlásának mérséklése. A VGT-kben is hivatkozás történik rá, különösen a Tisza vízgyűjtő területére vonatkozóan, mint az árvízkockázat csökkentését és az ökológiai állapot javítását támogató intézkedésre.
Nagyvízi Mederkezelési Terv (2014)	A 83/2014 (III.14.) rendelet előírja 68 folyószakaszra vonatkozó medrek kezelési terveinek elkészítését az árvízvédelmi irányelvben meghatározott árvízkockázat-kezelési terv támogatására. Ezek a tervek meghatározzák a medrek kezeléséhez és használatához szükséges árvízvédelmi intézkedéseket.	Ezekben a tervekben meghatározott célok és intézkedések ütközhetnek a vízvédelmi prioritásokkal. Például a vízelvezető csatornákban egységes füves területek létrehozása és a part menti növényzet zónájának módosítása, amelyet a VKI előír a nagy víztestek vízellátó képességének javítása érdekében, negatívan befolyásolhatja a víztestek ökológiai állapotát.
Nemzeti Víztudományi Program (2016)	Meghatározza a prioritást élvező kutatási témákat, mint például a biztonságos ivóvíz, a fenntartható vízhasználat, a vízi ökoszisztémák védelme és helyreállítása, valamint a vízzel kapcsolatos társadalmi konfliktusok, és felsorolja az ezekhez a témákhoz kapcsolódó kutatási feladatokat.	Átfogó tudományos alapot biztosít a KJT végrehajtásához. A kutatási feladatok meghatározásakor biztosították a nemzeti kötelezettségekkel (pl. EU Víz Keretirányelv, Árvízvédelmi irányelv, DWD - Ivóvíz irányelv, Városi szennyvízkezelési irányelv) való összhangot. A program kidolgozásakor figyelembe vették az VGT-t is.
Szennyvíziszap Kezelési és Hasznosítási Stratégia (2014-2023)	Az 50/2001 (IV.3.) rendelet alapján magyar jogba átültetett Szennyvíziszap irányelvvel összhangban meghatározza a szennyvíziszap felhasználásának lehetőségeit, és előírja a mezőgazdasági felhasználás, a talajjavítás és az égetés prioritási sorrendjét.	Bár a VGT alternatív vízforrásokat emel ki a víztestekre nehezedő terhelés csökkentésének megoldásaként, a szennyvíziszap felhasználása veszélyeztetheti a víztestek ökológiai és kémiai állapotát. Ezeket a lehetséges hatásokat a stratégia nem veszi szisztematikusan figyelembe.
Öntözésfejlesztési Terv (2019)	A vízügyi hatóságoknak minden öntözési fejlesztési területre Öntözésfejlesztési Tervet kell készíteniük, amelyet ötévente felül kell vizsgálni, hogy figyelembe vegyék a természetvédelem, a vízgazdálkodás vagy a talajmegóvás terén változó kritériumokat.	Az öntözésfejlesztési tervek segítenek a gazdáknak megérteni az öntözési lehetőségeket és egyszerűsíteni az öntözési engedélyezési folyamatot.
Nemzeti Víziközmű-közszolgáltatási Stratégia (2021-2027)	Felvázolja a 2021–2027-es tervezési időszakra vonatkozó vízellátási szolgáltatások stratégiai céljait, ideértve az infrastruktúra megújítását, a költség- és energiahatékonyság javítását, valamint az információs rendszerek integrálását. Emellett kitér a vízvédelemre és az éghajlatváltozásra is.	Ez összhangban áll a legtöbb VGT vízgazdálkodási intézkedéssel, különösen az Ivóvíz irányelv és a Települési szennyvíz irányelv keretében hozott intézkedésekkel, de nem foglalkozik kifejezetten a VKI ökológiai állapot javítására vonatkozó követelményeivel, és nem tartja prioritásnak a terhelés mennyiségére vonatkozó célkitűzésekkel összefüggő vízveszteségek csökkentését.
Aszálykezelési Tervek (2022)	A vízügyi hatóságoknak minden vízgyűjtő területre és szárazság sújtotta körzetre vonatkozóan Aszálykezelési tervet (AT) kell készíteniük. A magyar aszályindex (MAI) alapján egy háromszintű vízhiány- és védelmi riasztási rendszer lehetővé teszi a vonatkozó VIZIG számára, hogy megfelelő intézkedéseket hozzon, beleértve a vízhasználat korlátozását is.	A VIZIG-ek hetente készítenek vízhiányról szóló jelentéseket az OVF számára. Az VGT3 a szárazságkezelési terveket a szárazság kockázatának csökkentésére szolgáló eszközként említi. Noha nem határozza meg, hogyan használja a AKT-ket, elemzi a szárazság helyzetét és felsorolja a szárazság okozta károk enyhítésére tervezett intézkedéseket.

Az éghajlati alkalmazkodással, a környezetvédelemmel és a természetvédelemmel kapcsolatos egyéb ágazati stratégiák nagyrészt összhangban vannak a Nemzeti Vízstratégiával és a Vízgyűjtő-gazdálkodási Tervvel (VGT), és egyes esetekben attól is függenek (OVF, 2022[39]). Magyarország 3. VGT-je több olyan nemzeti ágazati politikát is megjelöl, amely az energia, az ipar, a közlekedési infrastruktúra, az idegenforgalom, az erdőgazdálkodás és a mezőgazdaság területén keresztül kapcsolódik a vízgazdálkodáshoz és a vízvédelemhez. Például a Víz Keretirányelvnek való megfelelés kulcsfontosságú eleme Magyarország Helyreállítási és Ellenállóképességi Tervének, amely hangsúlyozza a digitalizáció és a körforgásos gazdaság szerepét a fenntartható vízgazdálkodás előmozdításában. Azonban nem minden ágazati stratégia veszi figyelembe a Víz Keretirányelv és a KJT célkitűzéseit, és értékeli azok potenciális hatását a vízkészletekre.

Főbb vízügyi politikai eszközök

Magyarország a vízügyben számos gazdasági eszközt, pénzügyi mechanizmust és adatrendszert alkalmaz. Az ország három részből álló árpolitikát alkalmaz a vízhasználatra, amely magában foglalja a vízkészletjárulékot, a mezőgazdasági vízszolgáltatási díjakat, valamint a lakossági és nem lakossági fogyasztókra vonatkozó díjszabásokat. Ezek az eszközök a költségek megtérüléséhez, az infrastruktúra fejlesztésének támogatásához és a fenntartható vízhasználat ösztönzéséhez kívánnak hozzájárulni. Magyarország vízügyi kiadásai továbbra is az EU27 átlaga alatt maradnak, és nagymértékben függnek a vízdíjakból és az uniós finanszírozásból származó bevételektől. Az állami beruházásokat a központi költségvetés és az uniós finanszírozás támogatja, jelentős összegeket fordítva nagy infrastrukturális projektekre, árvízvédelemre és szennyvízrendszerekre. További finanszírozási mechanizmusok közé tartozik a mezőgazdasági kockázatkezelési rendszer, a Víziközmű-fejlesztési és Kompenzációs Alap, valamint a mezőgazdasági területek ideiglenes és önkéntes elárasztására vonatkozó kompenzációs rendszerek. Magyarország emellett több nemzeti és határokon átnyúló információs rendszert is létrehozott a vízgazdálkodás és az éghajlati alkalmazkodási tervezés támogatására.

Gazdasági eszközök

Vízdíjak és díjszabások

A **vízkészletjárulék** (VKJ) célja a vízkészletek kezelésének finanszírozása (pl. monitoring, hidrográfia és adminisztráció) valamint a fenntartható vízhasználat és -megtakarítás ösztönzése.A díjat a felszíni és felszín alatti vizek felhasználói (pl. lakossági, ipari, mezőgazdasági) fizetik vízjogi engedély útján, és az illetékes vízügyi hatóságok szedik be. A díj egy alapvető fix díjból és egy változó díjból áll, amely a kivett víz mennyiségétől, a forrásától (azaz felszín alatti vagy felszíni), típusától (karsztos, porózus vagy termál), állapotától (mennyiségi és minőségi), és a kitermelt víz gazdasági felhasználásától függ. A fix díj 4,5 HUF/m3-ről 9 HUF/m³-re, majd 18 HUF/m³-re (0,01 EUR, 0,02 EUR, illetve 0,05 EUR) duplázódott a 2024-es, a vízkészletek védelmének erősítését célzó reformot követően a megengedett mennyiséget 10%-nál nagyobb mértékben meghaladó felhasználás esetén (Green Support, 2025[49]).

Az energiatermelés és a vízellátás a vízkivételi díjból származó bevételek 75%-át teszi ki, mivel a mezőgazdasági vízfelhasználók mentességet élveznek. Az öntözővíz-felhasználás mentességet élvez 400 000 m³/év/engedély, 4 000 m³/ha/év egyéni felhasználók esetében, valamint 25 000 m³/ha/év felszíni vizet felhasználó rizstermesztés esetében. A gyakorlatban kevés öntözőnek kell megfizetnie a díjat, mivel az országos átlagos öntözési vízfelhasználás 1 448 m³/ha évente. Ezenkívül 2016 óta a vízgazdálkodásért felelős miniszter állandó vízhiányt hirdethet, és mentesítheti a mezőgazdasági termelőket a vízkészletjárulék fizetése alól, 2023-tól pedig a mezőgazdasági vízszolgáltatási díjak fizetése alól is. 2017 óta a legtöbb évben több hónapos tartós vízhiányt hirdettek ki. 2022-ben a vízkészlejárulékokból származó bevétel 1,6 millió forint (4150 euró) volt (State Audit Office, 2024[50]).

A **mezőgazdasági vízszolgáltatási díj** célja a mezőgazdasági vízszolgáltatás karbantartási és üzemeltetési költségeinek fedezése. Ez egy kétkomponensű díj, amely egy alapdíjból és a felhasznált vízmennyiséggel arányos változó díjból áll. A díjak a vízellátás módjától (gravitációs vagy szivattyúzott vízkivétel), a vízi infrastruktúra műszaki állapotától és az öntözési klaszteren belüli vízfelhasználók számától függenek. 2020 előtt a díj az öntözés, a rizstermesztés és a halgazdálkodás esetében eltérő volt; azóta a módszertan mindhárom tevékenység esetében egységessé vált. 2023-ban a mezőgazdasági vízszolgáltatási díjak átlagos alap- és változó díja 34 HUF/m³ és 13 HUF/m³ volt (0,09 EUR és 0,03 EUR). Az alapdíjak azonban több mint 700-szoros különbséget mutattak (1 HUF/m³ és 712 HUF/m³ között), a változó díjak pedig 114-szeres különbséget (1 HUF/m³ és 114 HUF/m³ között) a különböző szolgáltatók között (State Audit Office, 2025[52]). Jelenleg0 a 12 VIZIG közül 11 nyújt mezőgazdasági vízellátási szolgáltatásokat, amelyek 75 mezőgazdasági vízellátó rendszerre és 129 vízellátó egységre[5] oszlanak.

A VIZIG-ek minden évben összesítik a mezőgazdasági vízfelhasználók igénybejelentéseit, és a vízkészlet-használati engedélyekben lefoglalt vízmennyiségek és a megrendelt vízmennyiségek alapján meghatározzák az alapdíjakat és a változó díjakat vízellátó egységenként (OVF, 2023[51]).

A közüzemi vízellátás lakossági és nem lakossági felhasználói **víz- és szennyvízdíjakat** fizetnek a víziközmű-szolgáltatóknak. A díjak célja a biztonságos vízellátás fenntartásának, a költség és kapacitás szempontjából hatékony működésnek, a szolgáltatás minőségének javításának és a természeti erőforrások védelmének ösztönzése. A díjak alapdíjból és fogyasztásalapú díjból állnak, amelyek mindegyike jelentősen eltér Magyarország 34 víziközmű szolgáltatója között (State Audit Office, 2024[52]). 2017 és 2022 között a nem lakossági vízdíjak között lényegesen nagyobb eltérések voltak, mint a lakossági díjak között: a lakossági fogyasztók minimális és maximális díjai között hétszeres, a nem lakossági fogyasztók esetében pedig 49-szeres volt a különbség. A 25/2023. (XII. 13.) EM rendelet a nem lakossági felhasználók víziközmű-szolgáltatási díjának megállapításáról azonban 2024-től egységesítette az ipari szereplők fogyasztásalapú vízdíjait. Összességében a magyarországi víz- és szennyvízdíjak az OECD európai országai között a második, illetve a harmadik legalacsonyabbak (2.7 ábra).

2.7. ábra: Víz- és szennyvízdíjak Magyarországon és az OECD európai országaiban, 2023

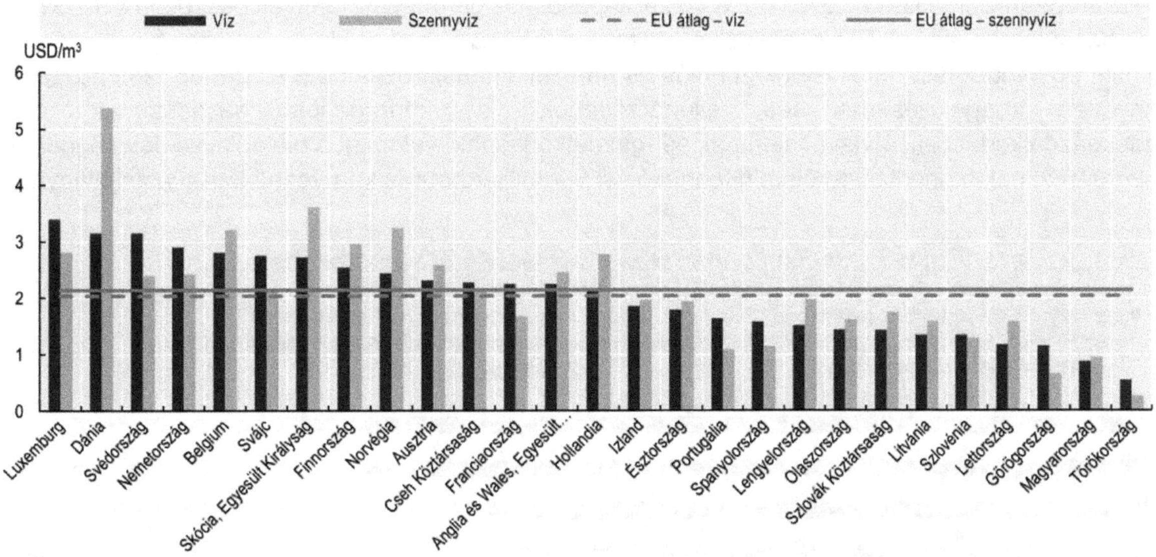

Megjegyzés: A víz- és szennyvízszolgáltatások díjszabása 2023-ban vagy a legutóbbi rendelkezésre álló évben.
Forrás: (IBNET, 2025[53]).

Magyarország régóta alkalmazza a háztartási közüzemi díjak, beleértve a vízdíjak maximalizálásának politikáját a Rezsicsökkentési Rendszeren keresztül, ezzel csökkentve az alapvető szolgáltatások pénzügyi terheit minden háztartás számára. A lakossági és nem lakossági tarifákat 2013 januárjának szintjén befagyasztották 2023-ig, amikor is a nem lakossági tarifák a 2011. évi víziközmű szolgáltatásról szóló törvény módosításával emelkedtek. A lakossági tarifák 2013-as szinten maradtak. Az üzemeltetés és karbantartás átlagos költségmegtérülési rátája a 2009-es 99%-ról 2018-ra 79%-ra csökkent (OVF, 2022[39]; World Bank, 2015[54]). Magyarország beruházása a meglévő szennyvízgyűjtő és -kezelő infrastruktúra megújításába és új infrastruktúra építésébe évente 14 eurót fektet be egy főre vetítve, ami alacsonyabb az EU-átlagnál, amely 49 euró évente ((Water Europa, 2025[55]).

Környezetterhelési díjak

A környezetterhelési díjak olyan tevékenységekre vonatkoznak, amelyek során szennyező anyagok kerülnek a levegőbe, a talajba és a vízbe. Ezeket a szennyező anyagok mennyiség alapján számítják ki, és típus- és helyspecifikus tényezőkkel korrigálják. A vízterhelési díj a felszíni vizekbe történő szennyezőanyag-kibocsátásra vonatkozik, és a szennyező anyagok típusán és mennyiségén alapul, az ökológiai érzékenységet és az iszapkezelési gyakorlatokat tükröző szorzókkal. A vízterhelési díjakat a nemzeti adóhatóságnak, a talajterhelési díjakat pedig a helyi önkormányzatoknak kell befizetni. Magyarországon a terhelési díjakat utoljára 2005-ben módosították, 2009-ig fokozatos emelésekkel. Azóta a díjak befagyasztásra kerültek, ami csökkentette azok reálértékét (OVF, 2022[39]).

Finanszírozási eszközök

A vízgazdálkodás finanszírozása Magyarországon elsősorban a víz- és szennyvízdíjakból, valamint uniós forrásokból származik. A víz- és szennyvízdíjak a vízgazdálkodás finanszírozásának 50%-át, az uniós finanszírozás pedig 40%-át teszi ki (2.8 ábra) (European Commission, 2021[56]). Az állami költségvetés (7%) és a magánszektor (3%) részvétele elhanyagolható. Magyarországnak becslések szerint évi 600 millió eurós beruházási hiányt kell pótolnia ahhoz, hogy az uniós jogszabályok szerinti vízügyi célkitűzéseit elérje (European Commission, 2025[57]). A vízzel kapcsolatos beruházási igények összesen évi 1,3 milliárd euróra becsülhetők, ami az EU jogszabályok szerinti 5,8 milliárd eurós teljes környezeti beruházási igény több mint egyötödét teszi ki. A jelenlegi uniós és nemzeti finanszírozás nem elegendő, ami hozzájárul a szennyezés megelőzésének és ellenőrzésének, a körforgásos gazdaságnak és a hulladékgazdálkodásnak, a vízvédelemnek és -gazdálkodásnak, valamint a biológiai sokféleségnek és az ökoszisztémáknak a prioritási területein fennálló évi 2,4 milliárd eurós környezeti beruházási hiányhoz.

2.8. ábra: Az éves vízgazdálkodási finanszírozás forrásai 10 EU-tagállamban

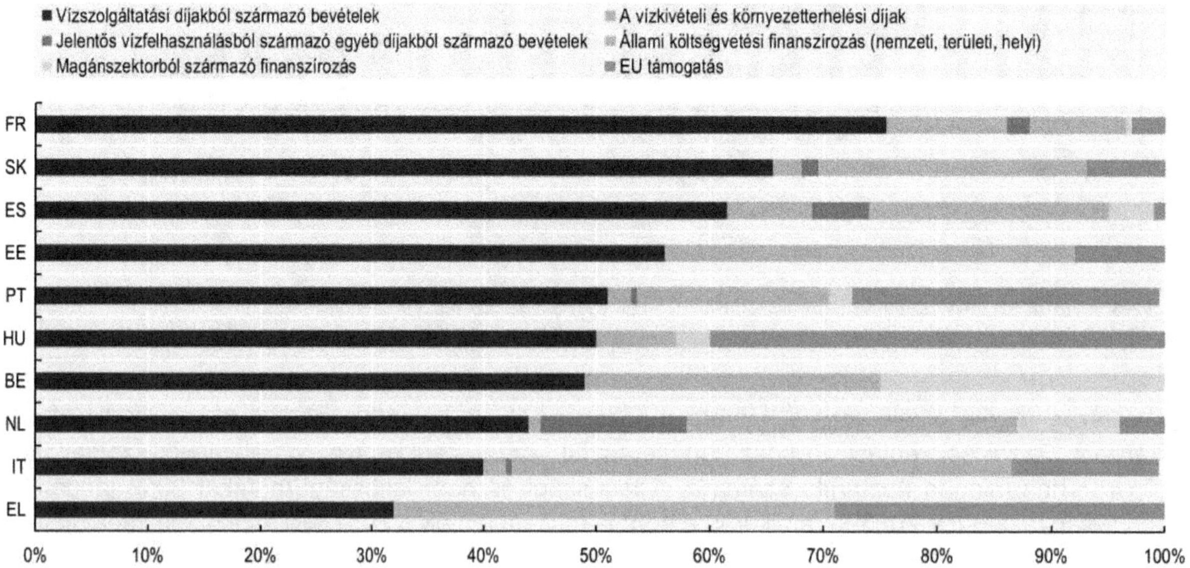

Forrás: (European Commission, 2021[56]).

Nemzeti finanszírozás és finanszírozási eszközök

Magyarország a víz- és éghajlatvédelmi kezdeményezéseket az Energiaügyi Minisztérium, az Építésügyi és Közlekedési Minisztérium, valamint a Nemzeti Fejlesztési Központ számára elkülönített központi költségvetési forrásokból finanszírozza. A központi költségvetés támogatja a nagy léptékű infrastrukturális beruházásokat olyan területeken, mint az árvízvédelem és a szennyvízkezelő rendszerek, valamint társfinanszírozza az EU által támogatott projekteket. Emellett forrásokat különít el a Víziközmű Fejlesztési és Ellentételezési Alap számára, a VIZIG-ek működéséhez, vízügyi fejlesztési feladatokhoz és természeti katasztrófák okozta károk helyreállításához. Ezen túlmenően a kormány számos kompenzációs, szolidaritáson alapuló és költségmegosztási mechanizmust kínál a kockázatok megelőzésére és a katasztrófák utáni helyreállításra (2.7 keretes szöveg).

2.7. keretes szöveg: Vízzel és éghajlattal kapcsolatos finanszírozási mechanizmusok

A magyar kormány több finanszírozási eszközt működtet a vízzel és az éghajlattal kapcsolatos kockázatok és hatások enyhítésére. Ezek a következők:

- **Természeti katasztrófák miatti vis maior támogatás**: A 9/2011 (II.5.) rendelet értelmében az árvizek, aszályok, viharok vagy tűzvészek által érintett települések vis maior támogatást igényelhetnek a védelem és a helyreállítás támogatására. A támogatás az elismert költségek akár 90%-át is fedezheti, biztosítva az érintett települések gyors helyreállítását. A rendszer különösen fontos az infrastruktúra, például az utak, a vízelvezető rendszerek és a középületek helyreállításához.
- **Öntözési szolgalmi jog**: Az öntözéses gazdálkodásról szóló (2019. évi CXIII.) törvény értelmében a vízügyi hatóságok öntözési szolgalmi jogot adhatnak meg, amely lehetővé teszi a vízjogok birtokosainak, például öntözési közösségeknek vagy egyéni gazdálkodóknak, hogy öntözési tevékenységük fenntartása érdekében szükség esetén harmadik felek tulajdonában lévő ingatlanokon vízi infrastruktúrát létesítsenek és üzemeltessenek. Az ingatlantulajdonosok pénzügyi ellentételezést kapnak, amelynek összegét a vízügyi hatóság határozza meg, és amelyet a vízjogok birtokosa fizet meg. Kétféle ellentételezés létezik: egyszeri juttatás a termelésből kivont ingatlanok esetében 173 HUF/m^2 összegben, valamint a használaton alapuló juttatás, amely figyelembe veszi a növénytermesztésnek, a gyepgazdálkodásnak, a talajnak és az erdőgazdálkodásnak okozott károkat.
- **Víziközmű Fejlesztési és Ellentételezési Alap:** A 24/2023 (XII. 13.) EM rendelet alapján létrehozott alap a víziközmű üzemeltetését, fejlesztését és karbantartását támogatja azáltal, hogy negyedévente összevonja a víziközmű-szolgáltatók elismert, indokolt költségein felül képződő bevételeit (jelenleg hat) és a központi költségvetés hozzájárulásait, hogy támogassa azokat a szolgáltatókat, amelyek bevételei nem fedezik az elimsert, indokolt költségeiket. Az alap a szolidaritás elvén és azon a követelményen alapul, hogy az ágazat non-profit jellegű maradjon. A rendelet és mellékletei, amelyeket a MEKH és számításai alapján az Energiaügyi Minisztérium évente aktualizál, meghatározzák az Alapba történő befizetési kötelezettséget és az Alapból járó ellentételezés mértékét, valamint az egyes közművek által az infrastruktúra fenntartására elkülönítendő összeget.
- **Önkéntes Elárasztási Kompenzációs Rendszer:** A 2025-ben elindított „Vizet a tájba!" program kompenzációs mechanizmust vezet be azoknak a magántulajdonosoknak, akik önként engedélyezik legelőik és gyepterületeik ideiglenes elárasztását vízmegtartási célokból. A program keretében egy speciális online portált is létrehoztak, ahol a gazdák önként felajánlhatják földjeiket ideiglenes elárasztásra.
- **Mezőgazdasági Kockázatkezelési Rendszer (MKR):** A 2012. évi mezőgazdasági kockázatkezelési törvény alapján létrehozott rendszer támogatást nyújt az árvizek, aszályok vagy viharok által érintett településeknek és gazdáknak. A rendszer magában foglal egy kötelező Kárenyhítési Alapot az 5 vagy 10 hektárnál nagyobb gazdaságok számára, amely akkor lép életbe, ha a veszteségek meghaladják a teljes termés 15%-át vagy egy adott növénykultúra 30%-át, és az állam a segélyezési költségek 50%-át fedezi. Létezik egy önkéntes

termésbiztosítási rendszer is, amelyet a kormány 65%-ig támogat. 2021-ben több mint 20 000 kedvezményezett vett részt a programban, a biztosítási díjak összege közel 45 millió euró volt. 2025 óta az uniós források kiegészítik a nemzeti forrásokat, így a keretösszeg 87,5 millió euróra emelkedett.

Forrás: (Climate Adapt, 2022[58]), (European Commission, 2021[59]), (Daily News Hungary, 2024[60]), (MaVíz, 2024[61]), (OVF, 2025[62]), (Telex, 2025[63]), (Gábor & Kemény, 2014[64]), (European Commission, 2021[65]), (Government of the Netherlands, 2024[66]).

EU alapok, és finanszírozási rendszerek

Az uniós költségvetés Magyarországon a környezetvédelmi és éghajlat-politikai finanszírozás egyik legfontosabb forrása. Az uniós kohéziós politika[6] a 2021–2027-es időszakra 7,2 milliárd eurót biztosít Magyarország éghajlat-politikai intézkedéseire, amelyhez további 22 millió euró járul az Európai Tengerügyi, Halászati és Akvakultúra-Alapból (European Commission, 2025[57]). A Helyreállítási és Ellenállóképességi Eszköz (RFF) 2026-ig 7 milliárd euróval járul hozzá az éghajlat-politikai finanszírozáshoz Magyarországon, ami a Helyreállítási és Ellenállóképeségi Terv (RRP) kétharmadát (67%) teszi ki. Bár a környezetvédelmi beruházások nem tekinthetők teljes mértékben kiegészítőnek az éghajlat-politikai beruházásokhoz képest, az EU környezetvédelmi finanszírozása 2021–2027 között Magyarország számára körülbelül 7,3 milliárd euróra becsülhető. Ennek nagy része (4,9 milliárd euró) a kohéziós politikából származik, míg a KAP beruházások összege 2 milliárd euró.

Az EU kohéziós politikai alapjai és a nemzeti alapok finanszírozzák a Széchenyi Terv Pluszt, Magyarország 2021–2027 közötti nemzeti társadalmi-gazdasági fejlesztési keretét. A terv nyolc tematikus operatív program (OP) köré épül, amelyek összhangban vannak az átfogó nemzeti prioritásokkal. Az OP-ket a KTM uniós fejlesztésekért felelős államtitkársága alá tartozó Nemzeti Fejlesztési Központ koordinálja, és azokat a releváns minisztériumok, önkormányzatok, nem kormányzati szervezetek és más érdekelt felek képviselőiből álló szakbizottságok felügyelik. A nyolc OP közül kettő foglalkozik a vízzel: a Környezetvédelmi és Energiahatékonysági OP (KEHOP Plusz) és a Területi és Településfejlesztési OP (TOP Plusz). Az előbbi, 4,3 milliárd eurós költségvetéssel, a környezeti és éghajlati kihívásokkal foglalkozik, ideértve az árvizek, a belvízi túlfolyások, az aszályok és az erőforrások túlzott használatának hatásainak enyhítését (2.6 táblázat). Az utóbbi, 5,25 milliárd eurós költségvetéssel, a regionális egyenlőtlenségek csökkentését és a kiegyensúlyozott gazdasági növekedés elősegítését célozza, például az integrált önkormányzati vízgazdálkodási tervek kidolgozásának támogatásával.

2.5. táblázat: A KEHOP Plusz Operatív Program költségvetésének lebontása

Terület	millió euró	költségvetési arány
Energiahatékonyság	898.6	20.8%
Vízgazdálkodás	700.7	16.2%
Fenntartható víz infrastruktúra	647.2	15.0%
Megújuló energia	534.9	12.4%
Intelligens energiarendszerek, -hálózatok és -tárolás	502.8	11.7%
Igazságos Átmenet Alap	294.2	6.8%
Körforgásos hulladékgazdálkodás	205.9	4.8%
Zöld-kék infrastruktúra	195.2	4.5%
Katasztrófavédelem	120.4	2.8%
Természetvédelem	112.3	2.6%
Körforgásos gazdaság fejlesztése	53.5	1.2%
Kárenyhítés, környezetvédelem	45.5	1.1%
Összesen:	**4 312.8**	**100%**

Forrás: (Government of Hungary, 2021[67])

Ezen elkülönített uniós források mellett Magyarország az összes tagállam számára nyitott uniós programokat is igénybe vesz innovatív víz- és éghajlatvédelmi projektek finanszírozására. Magyarország több uniós finanszírozású projektet is végrehajtott, amelyek a vízgazdálkodás és az éghajlati alkalmazkodás közötti összefüggésekkel foglalkoznak, különösen természetalapú megoldások és természetes vízmegtartó intézkedések révén (2.8 keretes szöveg).

2.8. keretes szöveg: Válogatott, az EU által finanszírozott víz- és éghajlatvédelmi projektek

Magyarország számos, az EU által finanszírozott, vízzel és éghajlattal kapcsolatos projektet valósított meg. Ezek között szerepelnek:

- **LIFE MICACC projekt (2017–2021**): Az Önkormányzati Államtitkárság (BM) által vezetett projekt célja az volt, hogy öt magyar falut, amelyek különféle vízgazdálkodási kihívásokkal szembesülnek, helyi szintű integrált természetes vízmegtartó rendszer kialakításával támogassa.
- **LIFE-CLIMCOOP projekt (2020–2024):** Ez a projekt Kazincbarcika önkormányzatát és a BorsodChem vegyipari vállalatot támogatta a helyi éghajlati kockázatok csökkentésében és a közös éghajlati alkalmazkodás javításában azáltal, hogy regionális éghajlati sebezhetőségi értékelés alapján természetalapú városi alkalmazkodási megoldásokat (pl. hirtelen árvizek elleni rönkduzzasztók és egykori ipari területek természetalapú rekultivációja) tervezett és valósított meg. Emellett kifejlesztettek egy többfázisú, méretezhető vízkezelési kísérleti projektet is, amely öntözésre is felhasználható, hozzájárulva ezzel a városi zöldterületek fenntartható karbantartásához.
- **LIFE LOGOS 4 WATERS projekt (2021–2025):** A Projektet a Közigazgatási és Területfejlesztési Minisztérium (KTM) vezette, és célja a természetalapú megoldások és a fenntartható vízgazdálkodás bevált gyakorlatainak helyi és vízgyűjtő területek szintjén történő elterjesztése volt. Az intézkedéseket két vízgyűjtő területen hajtották végre, egy dombos és egy síkvidéki területen.
- **LIFE in RUNOFF projekt (2021–2025):** A projekt célja kék-zöld infrastruktúra kiépítése, hogy hatékonyan csökkentsék a csapadékvíz lefolyásának hatását a budapesti három kerület sérülékeny városi infrastruktúrájára.
- **Horizon 2020 OPTAIN projekt (2020–2025):** A projekt célja a természetes víz- és tápanyag-visszatartó intézkedések megvalósíthatóságának értékelése a szélsőséges eseményekhez (pl. árvizek, aszályok) való jobb alkalmazkodás és a mezőgazdasági vízkészletek használata, valamint az egyéb emberi és környezeti vízigények közötti konfliktusok csökkentése érdekében.
- **Interreg NBS4Local (2023–2027) és Localience (2023–2026) projektek:** Ezek a projektek hozzájárulnak a természetalapú megoldásokra vonatkozó nemzeti tudásbázis kiépítéséhez és terjesztéséhez, különös tekintettel a helyi szintű éghajlati kockázatok (pl. árvizek, tűzvészek, viharok, földcsuszamlások, aszályok stb.) kezelésére és a közösségek bevonására.
- **Interreg InnoWATCCH projekt (2025–2028):** Az OVF vezetésével ez a projekt négy határon átnyúló Duna részvízgyűjtő területén teszteli az innovatív vízmegtartó technológiákat, hogy támogassa az éghajlati ellenállóképességet a mezőgazdaságban és az árvízvédelemben. A projekt emellett támogatja az érdekelt felek közötti koordinált vízgazdálkodást, megkönnyíti az adatokhoz való hozzáférést és elősegíti a kapacitásfejlesztést.
- **Interreg ADAPTisa projekt (2024–2026):** A projekt célja egy többszintű vízmegtartó és víztároló rendszer, valamint egy integrált vízgazdálkodási platform kidolgozása a magyar–szerb határon átnyúló régió víz- és katasztrófavédelmi szakemberei közötti együttműködés támogatása érdekében.

- **Interreg FloodBOTI projekt (2024–2026):** A projekt keretében az Észak-Magyarországi Vízügyi Igazgatóság 60 hektár legelő helyreállítását, 20 hektár ősi és őshonos fafajok ültetését, 10 hektáron az invazív idegen cserjék és fák kivágását, valamint 10 hektáron a korábbi anyagkitermelő helyek területén a vizes élőhelyek helyreállítását tűzte ki célul.

Forrás: (European Commission, 2025[68]), (European Commission, 2024[69]), (Life Climcoop, 2025[70]), (Optain, 2025[71]), (Interreg, 2025[72]), (Interreg, 2025[73]), (Danube Region, 2025[74]), (Ministry of Interior, 2025[75]), (Interreg, 2025[76]), (ARR, 2024[77]).

Adatbázisok és információs rendszerek

Magyarország átfogó vízgazdálkodási információs rendszereket fejlesztett ki a vízgazdálkodás és az éghajlatváltozáshoz való alkalmazkodás tervezésének támogatása érdekében (2.6 táblázat). Több nemzeti és ágazatspecifikus platform követi nyomon a vízzel kapcsolatos kockázatokat, a víztestek állapotát és a szolgáltatásnyújtást. Két alapvető rendszer kiegészíti egymást: az EM által üzemeltetett Országos Környezeti Információs Rendszer (OKIR) a felszín alatti és felszíni víztestekre vonatkozó adatokat gyűjt, míg az OVF által üzemeltetett Vízgazdálkodási Információs Rendszer (VIZIR) valós időben figyeli a hidrológiai és meteorológiai paramétereket, például a csapadékot és a hőmérsékletet. A VIZIR magában foglalja az Operatív Vízhiány Értékelő és Előrejelző Rendszert is, amely információkat szolgáltat az Aszálysúlyossági Index küszöbértékek meghatározásáról, és aktiválja a vízhiányvédelmi szinteket. További speciális nyilvántartások támogatják az adminisztratív és ágazati funkciókat. Például az OVF Vízhasználati Információs, Ellenőrzési és Integrált Hatósági Keretrendszere (VIZEK) a vízivás és az engedélyezés területét fedi le; a MEKH által vezetett Nemzeti Víziközmű Nyilvántartás (NVNY) a közüzemi hálózatokat és a szolgáltatókat dokumentálja; az NNGyK által kezelt Humán Felhasználású Vizek Informatikai Rendszere pedig az ivóvíz minőségének felügyeletét biztosítja. A HungaroMet üzemelteti a Nemzeti Alkalmazkodási Térinformatikai Rendszert (NATéR), amely lehetővé teszi a különböző vízgazdálkodási területeken (pl. ivóvízellátás, felszín alatti víz és villámárvizek stb.) a térbeli különbségek figyelembevételével történő sebezhetőségi értékeléseket (HungaroMet, 2024[78]). Nemzetközi szinten Magyarország hozzájárul a Nemzetközi Duna-védelmi Bizottság (ICPDR) által koordinált határokon átnyúló adatmegosztási platformokhoz, és azokból előnye is származik, ideértve a Danube-GIS-t, a Danube-HIS-t, a baleseti vészjelző rendszert és a transznacionális monitoring hálózatot. (ICPDR, 2025[79]).

2.6. táblázat: Főbb vízügyi adatbázisok és információs rendszerek

Információs rendszer /Nyilvántartás	Adatok	Elérhetőség
Országos Környezetvédelmi Információs Rendszer, OKIR	Összegyűjti a környezetvédelmi, természetvédelmi, hulladékgazdálkodási és vízvédelmi hatóságok által gyűjtött adatokat. Két modul kapcsolódik a vízhez: (i) A felszín alatti víz- és földtani közeg védelmi (FAVI) modul tartalmaz adatokat a felszín alatti víztestekről, beleértve a víztesteket veszélyeztető és szennyező forrásokat és tevékenységeket, valamint azok hatását a víz minőségére és mennyiségére. (ii) A felszíni vízvédelem (FEVISZ) modul a felszíni víztestek minőségét, a szennyvíz és szennyező anyagok kibocsátását, valamint azok szintjét a felszíni víztestekben figyeli.	A nyílt hozzáférésű adatok online böngészhetők és letölthetők.
Vízgazdálkodási Információs Rendszer, VIZIR	Hidrológiai, meteorológiai és aszályfigyelő adatokat tartalmaz különböző modulokban. (i) A Hydroinfo hidrológiai információkat és előrejelzéseket nyújt Magyarország fő folyóinak és mellékfolyóinak vízszintjéről, vízhozamáról és vízhőmérsékletéről, valamint meteorológiai információkat és előrejelzéseket a csapadékról (országos, részvízgyűjtő és területi szinten), a vízfelvételről, a hőmérsékletről és a hóról. (ii) A 2016-ban létrehozott Operatív Vízhiány Értékelő és Előrejelző Rendszer részletes és szinte valós idejű adatokat figyel a levegő hőmérsékletéről, páratartalmáról, a talaj hőmérsékletéről és nedvességtartalmáról, a csapadékról, és az ország 114 mérőállomásán gyűjtött adatok alapján számítja ki a vízhiány- és az aszályindexeket.	Nyílt hozzáférésű adatok napi szinten különböző weboldalakon, beleértve a hidrológiai információkat és az árvízkockázatokra, a belvízi kockázatokra és az aszálykockázatokra

		vonatkozó interaktív térképeket.
Vízhasználati Információs, Ellenőrzési és Integrált Hatósági Keretrendszer, VIZEK	A vízkivételi engedélyekről szóló adatokat tárolja, és elektronikus platformként szolgál a vízhasználók vízkészletdíjainak regisztrációjához és befizetéséhez.	Korlátozott hozzáférés.
Humán Felhasználású Vizek Informatikai Rendszere, HUMVI	Az ivóvíz minőségére vonatkozó adatokat figyelemmel kíséri. Minden vízellátó és szennyvízelvezető szolgáltatónak nyilvántartásba kell vennie az ivóvíz minőségére vonatkozó éves laboratóriumi vizsgálatok eredményeit.	A HUMVI adatain alapuló éves jelentések online elérhetők.
Nemzeti Víziközmű Nyilvántartás, NVNY	A víziközmű rendszerekre vonatkozó adatokat tárolja, és nyilvántartja a vízellátásért és szennyvízelvezetésért felelős kormányzati szerveket (állami vagy önkormányzati) és a vízműkezelőket.	Korlátozott hozzáférés.
Meteorológiai Adatbázis	2021-ben hozták létre, és meteorológiai és éghajlati méréseket tartalmaz, beleértve az állomásadatokat (pl. hőmérséklet, csapadék, szél, páratartalom fizikai meteorológiai állomásokról) és rácshálós adatállományokat (térben interpolált éghajlati adatok Magyarországon).	Nyilvános adatok a Nemzeti Közadatportálon keresztül
KLIMADAT Platform	2021-ben hozták létre, és 22 regionális és 11 városi éghajlati változót biztosít az ALADIN és REMO modelleken alapuló négy regionális éghajlati modell szimuláció és két üvegházhatásúgáz-kibocsátási forgatókönyv (RCP4.5 és RCP8.5) eredményei alapján.	Az adatok és az interaktív térképek online böngészhetők.
Nemzeti Alkalmazkodási Térinformatikai Rendszer, NATéR	A 2013-ban létrehozott és 2016 óta működő NATéR integrálja az éghajlati (pl. hőmérséklet, csapadék), a tematikus sérülékenységi témákat érintő (pl. aszályindexek, települések éghajlati sérülékenység, villámárvizekkel szembeni sérülékenység, az idegenforgalmi ágazat sérülékenysége, hőhullámokkal szembeni kitettség stb.), a gazdasági (GDP, foglalkoztatás), az energiaügyi (pl. gáz- és villamosenergia-fogyasztás), a földtakaróval és a vízzel kapcsolatos adatokat (pl. a felszín alatti víztestek vízszintje, az ivóvíz minősége).	Az interaktív térképek online böngészhetők.
A Duna-medence Hidrológiai Információs Rendszere (DanubeHIS)	A Duna-medence területére vonatkozó, valós idejű és validált hosszú távú hidrológiai és meteorológiai adatokat szolgáltat. Az ICPDR fejlesztette ki, kezeli és üzemelteti, a 14 szerződő fél ország által szolgáltatott adatok alapján.	Az interaktív térképek online böngészhetők.
Duna-medence Földrajzi Információs Rendszere (DanubeGIS)	Harmonizált adatsorokat kínál többek között az ipari és városi szennyező forrásokról, a szennyvízkezelésről, a halak vándorlásának folytonosságát megszakító tényezőkről, a hidrológiai változásokról és a vízfolyások állapotának értékeléséről a teljes Duna-medence területén. Az ICPDR fejlesztette, kezeli és üzemelteti a 14 szerződő fél ország által szolgáltatott adatok alapján.	Az interaktív térképek online böngészhetők.
Határon Átnyúló Vízminőségi Monitoring Hálózat (TNMN)	Adatokat gyűjt a szennyezésről, valamint a vízminőség és a szennyezés terhelésének hosszú távú tendenciáiról a Duna-medence területének főbb folyóiban. Az ICPDR fejlesztette ki, kezeli és üzemelteti a 14 szerződő fél ország által szolgáltatott adatok alapján.	Az összegyűjtött adatok évente megjelennek a TNMN évkönyvekben.
Havária-fgyelő rendszer (AEWS)	Nemzetközi figyelmeztető üzeneteket küld a folyómeder alsóbb szakaszán fekvő országoknak, ha a Duna vízgyűjtő területén baleset történik. Az ICPDR fejlesztette ki, kezeli és üzemelteti a 14 szerződő fél ország által szolgáltatott adatok alapján.	Az AEWS az ICPDR-országokban működő fő nemzetközi riasztóközpontok hálózatán keresztül működik.

Hivatkozások

ARR (2024), *The FloodBOTI Project Brings Hope for Improved Flood Protection in the Bodrog and Tisa Region*, https://www.arr.sk/en/the-floodboti-project-brings-hope-for-improved-flood-protection-in-the-bodrog-and-tisa-region/. [77]

BM OKF (2025), *Veszélyhelyzetek kezelése [Disaster management]*, https://www.katasztrofavedelem.hu/26424/veszlyhelyzetek-kezelse (accessed on 14 April 2025). [6]

Climate Adapt (2022), *Temporary flood water storage in agricultural areas in the Middle Tisza river basin - Hungary*, https://climate-adapt.eea.europa.eu/en/metadata/case-studies/temporary-flood-water-storage-in-agricultural-areas-in-the-middle-tisza-river-basin-hungary. [58]

Daily News Hungary (2024), *Hungarian government to continue supporting local councils in disaster response*, https://dailynewshungary.com/hungarian-government-to-continue-supporting-local-councils-in-disaster-response/?. [60]

Danube Region (2025), *LIFE LOGOS4WATERS – Integrated application of innovative water management methods at river basin by coordination of local governments*, https://waterquality.danube-region.eu/life-logos-4-waters/. [74]

EEA (2023), *ClimateADAPT - Hungary*, https://climate-adapt.eea.europa.eu/en/countries-regions/countries/hungary (accessed on 15 March 2025). [45]

EM & KTM (2025), *Survey on Water Governance in Hungary: Accelerating climate adaptation measures in water management.* [8]

European Commission (2025), *2025 Environmental Implementation Review Country Report – HUNGARY - European Commission*, https://environment.ec.europa.eu/publications/2025-environmental-implementation-review-country-report-hungary_en. [57]

European Commission (2025), *Mainstreaming climate change adaptation into urban planning by demonstrating public & private stormwater infrastructure*, https://webgate.ec.europa.eu/life/publicWebsite/project/LIFE20-CCA-HU-001774/mainstreaming-climate-change-adaptation-into-urban-planning-by-demonstrating-public-private-stormwater-infrastructure. [68]

European Commission (2025), *Third River Basin Management Plans Second Flood Hazard and Risk Maps and Second Flood Risk Management Plans - Member State: Hungary*, https://eur-lex.europa.eu/legal-content/EN/TXT/PDF/?uri=CELEX:52025SC0029. [43]

European Commission (2024), *MERLIN Regional Scalability Plan – Case Study 9 – Tisza*, https://project-merlin.eu/files/merlin/rsp/CS09_Tisza_HU_RSP.pdf. [69]

European Commission (2021), *Disaster Risk Financing: Main Concepts & Evidence from EU Member States*, https://economy-finance.ec.europa.eu/system/files/2021-10/dp150_en.pdf?. [59]

European Commission (2021), *Economic data related to the implementation of the WFD and the FD and the financing of measures*, https://op.europa.eu/en/publication-detail/-/publication/9e25fb48-5969-11ec-91ac-01aa75ed71a1/language-en. [56]

European Commission (2021), *Risk management measures in Hungary*, https://www.fi-compass.eu/sites/default/files/publications/05.%20Gabor%20Janos%20Sugar.pdf. [65]

Gábor & Kemény (2014), *Complex Agricultural Risk Management System: a new information system*, https://real.mtak.hu/23951/1/141_618_1_PB_u.pdf. [64]

Government of Hungary (2025), *Capital and County Government Offices*, https://kormanyhivatalok.hu/rolunk (accessed on 7 March 2025). [22]

Government of Hungary (2025), *Új korszak kezdődött a magyar vízügy történetében [A new era has begun in the history of Hungarian water management]*, https://kormany.hu/hirek/uj-korszak-kezdodott-a-magyar-vizugy-torteneteben (accessed on 4 March 2025). [17]

Government of Hungary (2024), *Tárcaközi bizottság segíti a vízgazdálkodási célok megvalósulását [Inter-ministerial committee helps achieve water management goals]*, https://kormany.hu/hirek/tarcakozi-bizottsag-segiti-a-vizgazdalkodasi-celok-megvalosulasat (accessed on 11 March 2025). [10]

Government of Hungary (2021), *Környezeti és Energiahatékonysági Operatív Program Plusz [Environmental and Energy Efficiency Operational Programme Plus]*, https://www.palyazat.gov.hu/programok/szechenyi-terv-plusz/kehop-plusz (accessed on 6 March 2025). [67]

Government of Hungary (2020), *National Clean Development Strategy (2020-2050)*, https://cdn.kormany.hu/uploads/document/5/54/54e/54e01bf45e08607b21906196f75d836de9d6cc47.pdf. [47]

Government of the Netherlands (2024), *Will a new crop thrive in Hungary's changed climate?*, https://www.agroberichtenbuitenland.nl/actueel/nieuws/2024/08/23/hungary-figs. [66]

Green Support (2025), *Change in the water resource contribution*, https://www.kornyezetvedelmi-adatszolgaltatas.hu/blog/valtozas-a-vizkeszletjarulekban/. [49]

Hungarian National Parks (2025), *About us*, https://magyarnemzetiparkok.hu/rolunk/az-npi-mint-allami-szerv/a-np-igazgatosagok-mukodesi-terulete/ (accessed on 14 March 2025). [9]

Hungarian Water Utility Association (2025), *About us*, https://maviz.hu/en (accessed on 10 March 2025). [29]

HungaroMet (2024), *Nemzeti Alkalmazkodási Központ*, https://www.met.hu/ismeret-tar/kiadvanyok/ismertetok/index.php?id=3481 (accessed on 23 April 2025). [78]

IBNET (2025), *Tariff Benchmarking*, https://tariffs.ib-net.org/sites/IBNET/VisualSearch?RegionId=3&Weight=0&ServiceId=2&Yearid=2023&perPage=50. [53]

ICPDR (2025), *10 Frequently Asked Questions about a River Commission International Commission for the Protection of the Danube River*, https://www.icpdr.org/sites/default/files/nodes/documents/10-faq_icpdr-final.pdf (accessed on 17 March 2025). [34]

ICPDR (2025), *About us*, https://www.icpdr.org/about-icpdr/framework/about-us (accessed on 11 March 2025). [33]

ICPDR (2025), *Databases*, https://www.icpdr.org/about-icpdr/databases (accessed on 23 April 2025). [79]

ICPDR (2024), *Interim Report - On the implementation of the joint programming measures in the Danube River Basin 2024*, https://www.icpdr.org/sites/default/files/2024-12/ICPDR_Interim-Report-24_295x225_Layout_v8_Einzelseiten.pdf (accessed on 18 March 2025). [36]

ICPDR (2021), *2nd Danube Flood Risk Management Plan*, https://www.icpdr.org/sites/default/files/nodes/documents/dfrmp_update_2021_hires_0.pdf. [41]

ICPDR (2021), *3rd Danube River Basin Management Plan (DRBMP)*, https://www.icpdr.org/sites/default/files/nodes/documents/drbmp_update_2021_final_lores.pdf . [40]

ICPDR (2011), *EU Strategy for the Danube region (EUSDR)*, https://www.drc-danube.org/summer-school/papers/2011/. [42]

Interreg (2025), *InnoWATCCH Project*, https://interreg-danube.eu/projects/innowatcch?. [76]

Interreg (2025), *LOCALIENCE project*, https://www.interreg-central.eu/projects/localience/?tab=home. [73]

Interreg (2025), *NBS4LOCAL Adopting Nature-Based Solutions to improve the climate resilience of local Governments*, https://www.interregeurope.eu/nbs4local. [72]

KPMG & MaVíz (2015), *A magyar víziközmű ágazat bemutatása [Overview of the Hungarian water utility sector]*, https://maviz.hu/szakmai-anyagok (accessed on 22 April 2025). [30]

Lechner Knowledge Centre (n.d.), *Counties of Hungary*, http://www.terport.hu/megyek/magyarorszag-megyei.html (accessed on 10 March 2025). [20]

Life Climcoop (2025), *Project title: Cooperation of cities and local companies for climate change adaptation*, https://life-climcoop.hu/en/project/. [70]

MaVíz (2025), *Professional materials: map of drinking water and sanitation providers*, https://maviz.hu/szakmai-anyagok. [32]

MaVíz (2024), *A víz mindenki számára nélkülözhetetlen közszolgáltatás [Water is an essential public service for everyone]*, https://maviz.hu/hirek/a-viz-mindenki-szamara-nelkul (accessed on 13 March 2025). [61]

Ministry of Innovation and Technolgy (2018), *Second National Climate Change Strategy*, https://nakfo.mbfsz.gov.hu/sites/default/files/files/N%C3%89S_Ogy%20%C3%A1ltal%20elfogadott.PDF (accessed on 13 March 2025). [46]

Ministry of Interior (2025), *Municipalities as integrators and coordinators*, https://vizmegtartomegoldasok.bm.hu/en. [75]

NAK (2024), *The survey was conducted with the participation of thousands of farmers: Producers also think it is important to preserve water*, https://www.nak.hu/sajto/sajtokozlemenyek/107806-tobb-ezer-gazda-reszvetelevel-keszult-a-felmeres-a-termelok-szerint-is-fontos-a-vizek-megtartasa. [13]

NAK (2023), *Water must stay in the landscape!*, https://www.nak.hu/sajto/sajtokozlemenyek/105489-a-viznek-a-tajban-kell-maradnia. [12]

NAK (2022), *WATER TO THE LANDSCAPE! The sewers must be filled with water to reduce drought damage next year*, https://www.nak.hu/sajto/sajtokozlemenyek/105049-vizet-a-tajba-fel-kell-tolteni-vizzel-a-csatornakat-hogy-jovore-kisebb-legyen-az-aszalykar. [11]

NAKFO (2019), *Második Nemzeti Éghajlatváltozási Stratégia [Second National Climate Change Strategy]*, https://nakfo.mbfsz.gov.hu/hu/node/517 (accessed on 24 March 2025). [44]

National Union of Water Management Associations (n.d.), *Water Boards in Hungary*, https://archivum.tir.hu/public/vtoszeng.html?utm (accessed on 11 November 2025). [21]

National Waterworks (2021), *Tájékoztató a víziközmű-szolgáltatás állam általi átvételének lehetőségéről [Information on the possibility of taking over water utility services by the state]*, https://nemzetivizmu.hu/2021/07/16/tajekoztato-a-vizikozmu-szolgaltatas-allam-altali-atvetelenek-lehetosegerol/ (accessed on 5 January 2025). [3]

NNGyK (2025), *Népegészségügy*, https://nnk.gov.hu/index.php/viz.html (accessed on 23 April 2025). [5]

OECD (2024), *OECD Regional Outlook - Hungary*, https://www.oecd.org/content/dam/oecd/en/publications/reports/2024/12/oecd-regional-outlook-2023-country-notes_48701f02/hungary_122ef6e2/88363f9e-en.pdf. [23]

OECD (2018), *OECD Environmental Performance Reviews: Hungary 2018*, OECD Environmental Performance Reviews, OECD Publishing, Paris, https://doi.org/10.1787/9789264298613-en. [24]

OECD and UCLG (2025), *Country Profile: Hungary*, https://www.sng-wofi.org/country_profiles/hungary.html. [27]

OHCHR (2023), *Fulfilling the human rights of those living in poverty and restoring the health of aquatic ecosystems: two converging challenges*, https://www.ohchr.org/sites/default/files/documents/issues/water/cfi-hrc54/hrc54-cfi-UN-SR-right-to-water-OCFR-Hungary.pdf. [18]

OKF (2025), *Bemutatkozás*, https://www.katasztrofavedelem.hu/2/bemutatkozas (accessed on 23 April 2025). [4]

OKT (2025), *Az OKT feladata, jogállása [The task and legal status of the OKT]*, https://www.oktt.hu/a-tanacs/jogi-hatter (accessed on 18 March 2025). [1]

Optain (2025), *Project Optain Summary*, https://optain.hu/intezkedesek/. [71]

Origo (2025), *Water retention in the landscape, government innovation and support for Hungarian farmers*, https://www.origo.hu/tudomany/2025/05/vizmegtartas-aszaly-kormany-innovacio. [15]

OVF (2025), *A vízgyűjtő-gazdálkodási terv harmadik felülvizsgálata [Third revision of the river basin management plan]*, https://vizeink.hu/wp-content/uploads/2024/12/VGT4_utemterv_munkaprogram_20241222.pdf. [38]

OVF (2025), *Ármentesítés [Flood management]*, https://vpf.vizugy.hu/reg/ovf/doc/12.%20armentesites_a1.pdf (accessed on 14 April 2025). [7]

OVF (2025), *Water in the Landscape*, https://www.ovf.hu/jobboldali-sav-tartalmai/vizetatajba/vizet-a-tajba?. [62]

OVF (2024), *Importance and practice of water retention to reduce drought risks*, https://www.ovf.hu/hireink/ovf-hirek/vizvisszatartas-jelentosege-es-gyakorlata-az-aszaly-kockazatainak-csokkentese-erdekeben. [14]

OVF (2023), *Határvízi együttműködések [Transboundary water cooperation]*, https://www.ovf.hu/rolunk/nemzetkozi-kapcsolatok/hatarvizi-egyuttmukodesek (accessed on 11 March 2025). [35]

OVF (2023), *Mezőgazdasági vízszolgáltatás*, https://www.ovf.hu/vizgazdalkodas-vizszolgaltatas/ontozes-vizszolgaltatas (accessed on 23 April 2025). [51]

OVF (2023), *Municipal water management*, https://www.ovf.hu/vizgazdalkodas-vizszolgaltatas/telepulesi-vizgazdalkodas. [48]

OVF (2023), *Vízgazdálkodási Tanácsok [Water Management Councils]*, https://www.ovf.hu/vizgazdalkodas-vizszolgaltatas/vizgazdalkodasi-tanacsok (accessed on 11 March 2025). [25]

OVF (2022), *Magyarország 2021. évi vízgyűjtő-gazdálkodási terve [River Basin Management Plan of Hungary]*, https://vizeink.hu/vgt/#page=1. [39]

OVF (2015), *Kvassay Jenő Terv - Nemzeti Vízstratégia*, https://www.vizugy.hu/vizstrategia/documents/997966DE-9F6F-4624-91C5-3336153778D9/Nemzeti-Vizstrategia.pdf (accessed on 10 January 2025). [37]

OVF (2009), *River Basin Management Plan - Danube Sub-catchment*, http://www2.vizeink.hu/files/vizeink.hu_0344_Reszvizgyujto_VGT_Duna_4.pdf (accessed on 11 March 2025). [26]

State Audit Office (2024), *Audit of the operation and management of the National Land Centre and the performance of the functions of the Irrigation Management Organisation*, https://www.asz.hu/dokumentumok/24021.pdf?utm. [50]

State Audit Office (2024), *Nemzeti Vízstratégia megvalósítására hozott intézkedések ellenőrzése [Monitoring of measures taken to implement the National Water Strategy]*, https://www.asz.hu/dokumentumok/24004.pdf. [52]

State Audit Office (2022), *Monitoring water protection and water management tasks: Monitoring water utility services*, https://www.asz.hu/dokumentumok/23024.pdf. [28]

Szabó, I. and M. Garcia Quesada (2017), “Historical waves in Hungarian water sector reform and implications for integration”, *Utilities Policy*, Vol. 46, https://doi.org/10.1016/j.jup.2017.02.005. [2]

Telex (2025), *Water management has flooded a plot of land, and everyone is happy about it*, https://telex.hu/belfold/2025/03/27/vizet-a-tajba-elarasztas-tiszakorod?. [63]

Urbact (2020), *Natural water retention measures for climate resilience*, https://urbact.eu/good-practices/natural-water-retention-measures-climate-resilience. [16]

Veolia (n.d.), *Our water utility interests*, https://www.veolia.hu/en/magyarorszagi-erdekeltsegek (accessed on 22 April 2025). [31]

Water Europa (2025), *Wise Freshwater Information System for Europe: Hungary*, https://water.europa.eu/freshwater/countries/uwwt/hungary. [55]

Western Transdanubian Water Management Directorate (2025), *Water Directorates*, http://www2.nyuduvizig.hu/?m=109 (accessed on 10 March 2025). [19]

World Bank (2015), *Water and wastewater services in the Danube region : Hungary country note*, https://documents.worldbank.org/en/publication/documents-reports/documentdetail/653681467998782643/water-and-wastewater-services-in-the-danube-region-hungary-country-note. [54]

Megjegyzések

[1] A 257/2024. (VIII. 29.) kormányrendelet 363. § alapján, amely 2024. október 1-jén lép hatályba.

[2] Ausztria, Bosznia-Hercegovina, Bulgária, Horvátország, Cseh Köztársaság, Németország, Magyarország, Moldova, Montenegró, Románia, Szerbia, Szlovákia, Szlovénia és Ukrajna. A teljes jogú szerződő feleknek legalább 2 000 km²-es nemzeti területtel kell rendelkezniük a Duna-medence területén belül.

[3] A Duna részvízgyűjtőjéért felelős Észak-Dunántúli Vízügyi Igazgatóság, a Tisza részvízgyűjtőjéért felelős Közép-Tisza-vidéki Vízügyi Igazgatóság, a Dráva részvízgyűjtőjéért felelős Dél-Dunántúli Vízügyi Igazgatóság és a Balaton részvízgyűjtőjéért felelős Közép-Dunántúli Vízügyi Igazgatóság.

[4] Mivel az VGT-nek pénzügyi forrásokat biztosító különböző operatív programok mind uniós forrásokból, mind központi költségvetési hozzájárulásokból állnak, az VGT költségvetésében az uniós források pontos aránya nem kerül közzétételre vagy publikálásra az VGT-ben. Az operatív programok általános felépítése azonban arra utal, hogy az VGT beruházásainak körülbelül 80 %-a uniós forrásokból származik.

[5] A vízellátó egység egy közös vízellátó vagy -elosztó ponthoz csatlakozó vízellátó és -elosztó csatornahálózatot, valamint a hozzá kapcsolódó, működésükben egységes rendszert alkotó létesítményeket jelent. A mezőgazdasági vízellátó rendszer vagy öntözőrendszer egy közös felszíni vízforráshoz csatlakozó, mezőgazdasági vízellátási szolgáltatásokat nyújtó vízi létesítmények összessége, amely egy vagy több vízellátó egységet tartalmaz.

[6] Az EU kohéziós politikáját több alapból valósítják meg, nevezetesen az Európai Regionális Fejlesztési Alapból (ERFA), az Európai Szociális Alap Plusból (ESZA+), a Kohéziós Alapból és az Igazságos Átállási Alapból.

3 Az éghajlatváltozás hatásaival szemben reziliens magyarországi vízügyi kormányzás felé

Ez a fejezet – a hiányosságok átfogó elemzésére támaszkodva – testreszabott szakpolitikai ajánlásokat fogalmaz meg Magyarország számára, melyek célja az éghajlatváltozás hatásaival szemben reziliens vízügyi kormányzás megerősítése. Az OECD vízügyi kormányzásra vonatkozó alapelveivel összhangban a fejezet feltárja a kormányzás terén tapasztalható legfőbb hiányosságokat, és értékeli, hogy azok milyen hatással vannak az éghajlatváltozáshoz alkalmazkodó vízgazdálkodásra. Öt terület kapcsán fogalmaz meg ajánlásokat; e területek a következők: az intézményi alapok megerősítése; a gazdasági és szabályozási eszközök kihasználása; a vízrezilienciát szolgáló, hosszú távú jövőkép elfogadása; a többszintű irányítás javítása; valamint az átláthatóság és az érdekelt felek bevonásának fokozása.

Jóllehet Magyarország jól megalapozott vízügyi kormányzási keretrendszerrel rendelkezik (2. fejezet), kormányzási modellje nagyrészt a történelmi hidrológiai és éghajlati viszonyokat tükrözi. E keretrendszernek további fejlesztésre van szüksége, hogy képes legyen reagálni az éghajlatváltozás egyre gyorsabb ütemben megmutatkozó hatásaira. Az aszály és az árvíz egyre súlyosbodó kockázatai – melyekhez nagyobb fokú hidrológiai változékonyság társul – újabb nyomás alá helyezik a vízrendszereket, így kénytelenek vagyunk feltenni a kérdést: a korábbi, elsősorban az árvízvédelemre összpontosító kormányzási módszerek vajon fenntarthatók? Az új kihívásokhoz való alkalmazkodásnak, és vele párhuzamosan a meglévő kihívások kezelésének előfeltétele Magyarország vízügyi kormányzási rendszerének kiigazítása, mely rendszer célja, hogy vízpolitikára jellemző összetettséget és fragmentáltságot kezelni tudja (OECD, 2015[1]).

Magyarország vízügyi kormányzásának hiányosságai – ilyen például a gyenge szabályozási felügyelet és végrehajtás, a gazdasági eszközök kihasználásának elégtelensége, valamint a meglévő vízpolitikák és az éghajlatváltozáshoz való alkalmazkodást célzó szakpolitikák nem megfelelő végrehajtása, illetve nyomon követése – az általánosabb kormányzási kihívásokban gyökereznek. Ilyen kihívás többek között a környezetvédelmi szakpolitika intézményi irányításának gyakori változása azután, hogy a Környezetvédelmi és Vízügyi Minisztériumot 2010-ben beolvasztották a Vidékfejlesztési Minisztériumba (melynek neve később Agrárminisztériumra módosult); a környezetvédelmi hatóság függetlenségének hiánya, valamint műszaki és humánkapacitásának alacsony szintje; továbbá a gyenge környezetvédelmi megfelelési stratégia (OECD, 2018[2]). 2024-ben Magyarország a szabályozási politikához és a kormányzáshoz kapcsolódó valamennyi mutató – különösen az érdekelt felek bevonása, az utólagos értékelés, valamint az elsődleges jogszabályok és a másodlagos szabályozás átláthatósága – tekintetében az OECD-átlag alatt teljesített (OECD, 2025[3]). Annak ellenére, hogy Magyarország a 2023 és 2025 közötti időszakra nézve középtávú Nemzeti Korrupcióellenes Stratégiát dolgozott ki, és 2022-ben létrehozta az Integritás Hatóságot, a Transparency International korrupcióérzékelési indexén (Corruption Perceptions Index)[1] az ország négy egymást követő évben a legmagasabb pontszámot érte el az uniós tagállamok között (Transparency International Hungary, 2025[4]). Magyarország korrupcióellenes indexe (Control of Corruption Index)[2] folyamatosan csökkenő tendenciát mutatott 1996 és 2023 között, mely időszakban 74%-ról 55%-ra esett vissza (World Bank, 2025[5]).

Az OECD vízügyi kormányzásra vonatkozó alapelveivel (3.1) (OECD, 2015[1]) összhangban ez a fejezet elemzi a hiányosságokat, továbbá öt kulcsfontosságú területen fogalmaz meg testreszabott szakpolitikai ajánlásokat Magyarország számára. E területek a következők: (i) az éghajlatváltozás hatásaival szemben reziliens vízügyi kormányzás intézményi alapjainak megerősítése, (ii) gazdasági és szabályozási eszközök alkalmazása a víz iránti kereslet kezelésére, (iii) a vízrezilienciához kapcsolódó hosszú távú elképzelés elfogadása, (iv) a többszintű kormányzás megerősítése a helyszínekre szabott megközelítés érdekében, valamint (v) az átláthatóság, a bevonás és a nyomon követés javítása az integritás és a bizalom szolgálatában.

3.1. keretes szöveg: Az OECD vízügyi kormányzásra vonatkozó alapelvei

Az OECD vízügyi kormányzásra vonatkozó alapelveinek (3.1) célja az olyan vízügyi kormányzási rendszerek támogatása, amelyek segítenek kezelni a „túl sok", „túl kevés" és „túl szennyezett" víz problémáját, valamint támogatják az ivóvízhez és a szennyvízelvezetéshez való egyetemes, fenntartható, integrált és inkluzív, elfogadható költségekkel járó és észszerű időkereten belül megvalósuló hozzáférést. Az alapelvek elismerik, hogy a jó kormányzás olyan eszköz, amellyel megvalósítható az összetettség és a kompromisszumok kezelése egy olyan szakpolitikai területen, amely rendkívüli mértékben ki van téve a fragmentálódás, a silómentalitás, a léptékek nem megfelelő illeszkedése, a negatív externáliák, a monopóliumok és a nagy, tőkeigényes beruházások által képviselt kockázatoknak. Az alapelvek szerint a kormányzás akkor működik jól, ha az alulról felfelé, illetve a felülről lefelé irányuló folyamatok kombinációjával segít megoldani a vízzel kapcsolatban jelentkező legfőbb kihívásokat, és ugyanakkor az állam és a társadalom közötti konstruktív kapcsolatokat is segíti. Ezzel szemben nem működik jól, ha indokolatlan tranzakciós költségeket generál, illetve ha nem képes az adott helyre jellemző szükségletekre reagálni. Az alapelvek támogatják az eredményes, hatékony és inkluzív vízügyi kormányzási rendszerek megvalósítását, melyek esetében:

- Az eredményes kormányzás valamennyi kormányzati szinten egyértelmű és fenntartható vízügyi szakpolitikai célokat tűz ki, és azokat végrehajtja, illetve eléri.
- A hatékony kormányzás a társadalom által megfizetendő legkisebb költségek mellett maximalizálja a fenntartható vízgazdálkodás és a jóllét előnyeit.
- A bizalom és a bevonás a közvéleménynek a kormányzási rendszerbe vetett bizalmát erősíti, valamint a demokratikus legitimitással és a társadalom egészének biztosított méltányossággal garantálja az érintett felek számára az inkluzivitást.

3.1. ábra: Az OECD vízügyi kormányzásra vonatkozó alapelvei

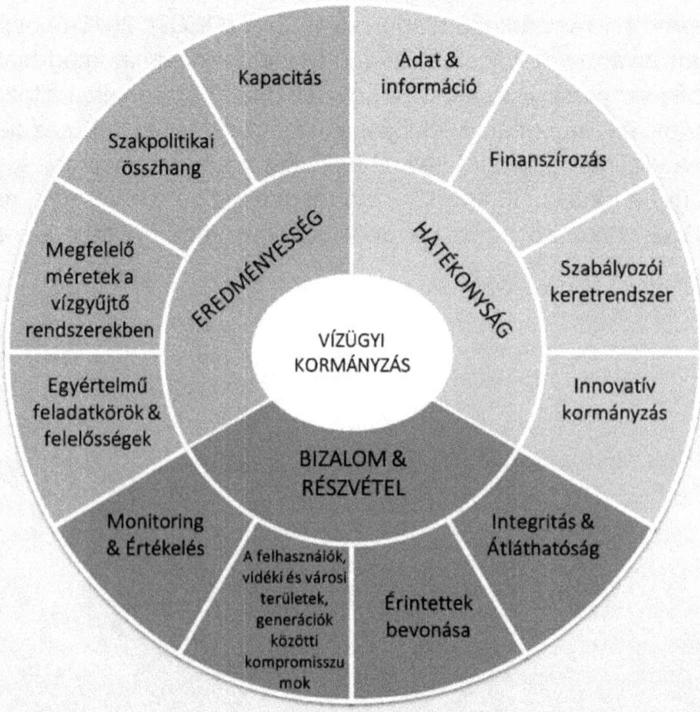

A 12 alapelv a következő:

- **1. alapelv:** A vízpolitikához kapcsolódó döntéshozatalban, végrehajtásban, operatív irányításban és a szabályozásban betöltött szerepek és feladatkörök egyértelmű kiosztása és elhatárolása; az érintett felelős hatóságok közötti koordináció elősegítése.
- **2. alapelv:** A vízgazdálkodás megfelelő a szint(ek)en zajló, a helyi viszonyokat figyelembe vevő elvégzése az integrált vízgyűjtő-gazdálkodási rendszereken belül; a különböző szintek közötti koordináció elősegítése.
- **3. alapelv:** A szakpolitikai koherencia ösztönzése hatékony ágazatközi koordinációval, különösen a vízügyi és a környezetvédelmi, az egészségügyi, az energiaügyi, a mezőgazdasági, az ipari, a területrendezési és a földhasználati szakpolitikák között.
- **4. alapelv:** A felelős hatóságok kapacitásának a kezelendő vízügyi kihívások összetettségéhez, valamint a feladataik ellátásához szükséges kompetenciákhoz való hozzáigazítása.
- **5. alapelv:** A vízzel kapcsolatos időszerű, következetes, összehasonlítható és szakpolitikai szempontból releváns adatok és információk előállítása, frissítése és megosztása; ezeknek az információknak a vízpolitika irányítására, értékelésére és javítására való felhasználása
- **6. alapelv:** Gondoskodás arról, hogy a kormányzási lépések elősegítsék a vízügyi finanszírozási források eredményes, átlátható és megfelelő időben történő mozgósítását, illetve a pénzügyi források ugyanilyen elosztását.
- **7. alapelv:** Annak biztosítása, hogy a közérdek szolgálatában eredményesen alkalmaznak és érvényesítenek megbízható vízgazdálkodási szabályozási kereteket.
- **8. alapelv:** Az innovatív vízügyi kormányzási gyakorlatok elfogadásának és végrehajtásának előmozdítása az illetékes hatóságok, a kormányzati szintek és az érintett érdekelt felek körében.
- **9. alapelv:** Az integritást és az átláthatóságot szolgáló gyakorlatok széles körű bevezetése valamennyi vízpolitikában, vízügyi intézményben és vízügyi kormányzási keretrendszerben a magasabb fokú elszámoltathatóság és a döntéshozatalba vetett nagyobb bizalom érdekében.
- **10. alapelv:** Az érdekelt felek bevonásának ösztönzése, hogy azok tájékozott és eredményorientált módon hozzá tudjanak járulni a vízpolitika kidolgozásához és végrehajtásához.
- **11. alapelv:** Olyan vízügyi kormányzási keretek előmozdítása, amelyek segítik a vízfelhasználók, a vidéki és városi területek, valamint a generációk közötti kompromisszumok kezelését.
- **12. alapelv:** A vízpolitika és a vízügyi kormányzás rendszeres nyomon követésének és értékelésének ösztönzése (amennyiben ez indokolt); az eredmények nyilvánosságra hozatala; kiigazítások végrehajtása szükség szerint.

Forrás: OECD (2015[1]): OECD Principles on Water Governance, https://www.oecd.org/content/dam/oecd/en/topics/policy-sub-issues/water-governance/oecd-principles-on-water-governance-en.pdf/_jcr_content/renditions/original./oecd-principles-on-water-governance-en.pdf

Az éghajlatváltozás hatásaival szemben reziliens vízügyi kormányzás intézményi alapjainak megerősítése

Hiányosságok

Magyarországon a vízügyi kormányzás intézményi kereteire a nagyfokú intézményi széttagoltság jellemző, ami a szakpolitikai koherencia, a szakpolitika kialakítása és végrehajtása, valamint az elszámoltathatóság tekintetében jelent kihívásokat (OECD, 2018[2]). Az intézményi változások – például az, hogy 2010-ben megszűnt a Környezetvédelmi és Vízügyi Minisztérium a hozzá kapcsolódó felügyeleti szervekkel együtt, a minisztériumi feladatkörök gyakori módosulása, valamint a háttérintézmények, például a Vízgazdálkodási Tudományos Kutató Központ (VITUKI) megszüntetése, illetve átszervezése – célja az adminisztratív hatékonyság fokozása volt. Azonban a fent említett változások éppen hogy akadályozták a vízpolitikák és a környezetvédelmi politikák közötti koordinációt, gyengítették az adatgyűjtési rendszereket (OECD, 2018[2]), és szűkítették a szakpolitika végrehajtására fordítható kapacitásokat, például a vízkészletjárulék esetében (Ungvári et al., 2011[6]). Az Állami Számvevőszék (ÁSZ) (2025[7]) felhívta a figyelmet arra, hogy a vízjogi engedélyezésben és a mezőgazdasági vízgazdálkodásban részt vevő kulcsfontosságú szervek feloszlatása – ideértve a Nemzeti Földügyi Központ és annak Öntözésfejlesztési Főosztálya 2024-ben történt összevonását (melynek általános jogutódja az Agrárminisztérium lett) – továbbá a vízügyi hatóságok funkcióinak a területi katasztrófavédelmi igazgatóságokról a vármegyei kormányhivatalokra történő átruházása kedvezőtlenül hatással volt az ágazat működési teljesítményére.

A vízügyi feladatok ellátásáért felelős nemzeti kormányzati szervek közötti koordináció továbbra is csak bizonyos kérdésekre (pl. öntözés) korlátozódik, és nincs olyan hivatalos mechanizmus, amely a vízügyi feladatokat ellátó nyolc minisztérium mindegyikét magában foglalná. A mindezidáig kevéssé strukturált és informális (pl. ad hoc munkacsoportok révén történő) párbeszéd és kommunikáció javítása érdekében Magyarország 2024-ben létrehozta a Vízgazdálkodási Tárcaközi Bizottságot, 2025-ben pedig az Aszályvédelmi Operatív Törzset. A Bizottság létrejötte a nemzeti szintű koordináció javítása irányában pozitív előrelépésnek tekinthető, Ugyanakkor jelenleg csupán három minisztérium képviselteti magát benne – az Energiaügyi Minisztérium, az Agrárminisztérium, valamint a Közigazgatási és Területfejlesztési Minisztérium –, és túlságosan szűkkörű ahhoz, hogy teljesíthesse átfogó céljait, melyek a következők: a hosszú távú vízgazdálkodási stratégiák összehangolása az egyéb ágazati célokkal; az érintett kormányzati szervek és érdekelt felek közötti információcsere javítása; valamint a vízügyi kormányzás javítását célzó szabályozási változtatásokra és cselekvési tervekre vonatkozó javaslatok. A vízügyi kormányzásban és a vízpolitikában szerepet betöltő egyéb kormányzati szervek – például a Belügyminisztérium, az Építési és Közlekedési Minisztérium, a (ma NGM), a Külügyminisztérium és a Magyar Energetikai és Közmű-szabályozási Hivatal (MEKH) – hivatalosan nem tagjai a Bizottságnak. Az e szervek által a vízzel kapcsolatos katasztrófák elleni polgári védelem, a vízügyi infrastruktúra, a vízzel kapcsolatos díjak és a költségvetési tervezés, az EU Duna Régió Stratégiája (EUSDR) és a háztartások, illetve a vállalkozások vízellátása terén betöltött szerep segíthetné a bizottság munkáját, és támogathatná célkitűzései elérését.

A vízügyi kormányzás eredményességére nézve kihívást jelentenek a szabályozási szürke zónák. Az 1995. évi vízgazdálkodási törvény az árvízvédelemre, illetve a belvíz elleni védelemre és vízelvezetésre összpontosít, miközben a vízmegtartásra és a vízhiány kezelésére már nem fordít kellő figyelmet. Emellett az, hogy a harmadlagos vízi infrastruktúrák (beleértve a mezőgazdasági vízellátó rendszereket, a vízelvezető csatornákat és a VIZIG-ek által üzemeltetett vízi létesítményeket és az öntözőhelyeket összekötő kettős működésű csatornákat) tulajdonlása fragmenált (azaz nemzeti, önkormányzati vagy magántulajdonban vannak), karbantartási kihívásokat okozott, továbbá egyes eszközök esetben állapotromláshoz vezetett: számos eszközt benőtt a növényzet vagy feltöltődött, a kisebb csatornákon a zsilipek, zsilipkapuk kezelése elmaradt, ami a vízelvezetés és a vízmegtartás szempontjából nem szándékolt következményekkel jár (State Audit Office, 2025[7]). Hozzá kell tenni azt is, hogy a jogszabályok nem határozzák meg egyértelműen, hogy a mezőgazdasági vízgazdálkodás terén a közszféra feladatkörei hogyan oszlanak meg a vízgazdálkodási és a mezőgazdasági ágazat között. Az ÁSZ (2025[7]) hangsúlyozta: a fent említett jogi kétértelműség, valamint az azzal párhuzamosan megmutatkozó gyors ütemben változó szabályozási környezet bonyolultabbá tette az öntözés irányítását, valamint úgy segítette elő az öntözés bővülését, hogy nem vette figyelembe azt, hogy 2019 és 2023 között mennyi víz áll majd rendelkezésre.

A gyakori intézményi átszervezések szintén hozzájárultak ahhoz, hogy erodálódtak a vízgazdálkodás adminisztratív kapacitásai. A vízjogi engedélyezési és megfelelési feladatoknak az Országos Környezetvédelmi, Természetvédelmi és Vízügyi Főfelügyelőségről és annak regionális irodáiról a vármegyei kormányhivatalokra történő átruházása csökkentette a szóban forgó hatóságok műszaki szakértelmét és humánkapacitását (OECD, 2018[2]). A víz- és a levegőminőség kiemelt területek, ahol az uniós környezetvédelmi jogszabályok végrehajtásának biztosítása érdekében sürgősen meg kell erősíteni az adminisztratív kapacitásokat (European Commission, 2022[8]). Jóllehet az Országos Vízügyi Főigazgatóság (OVF) továbbra is stabil szakértelemmel rendelkezik, és jó hírnévnek örvend, működésének folytonosságát és eredményességét befolyásolja az ismétlődő intézményi változások sora. Ehhez járul az, hogy az OVF alapvetően a vízelvezetésben jártas, míg a vízmegtartáshoz kapcsolódó új igényekhez és az éghajlatváltozás hatásaival szemben reziliens vízgazdálkodáshoz kapcsolódó kapacitásai jelenleg még fejlesztés alatt állnak.

Ajánlások

Tekintettel arra, hogy a vízügyi kormányzási rendszereket az általuk megoldandó kihívásoknak megfelelően szükséges kialakítani, javasolt, hogy Magyarország gondoskodjon arról, hogy **a kormányzási formák (pl. az olyan struktúrák, mint például a minisztériumok) feleljenek meg bizonyos funkcióknak (pl. az éghajlatváltozáshoz való alkalmazkodást szolgáló vízkészlet-gazdálkodás).** Ez a következőket foglalná magában:

- A vízpolitika legmagasabb végrehajtói szintre történő emelése (például a Miniszterelnöki Hivatalon belül), a tartós szakpolitikai lendület és a nem ágazati jellegű stratégiai felügyelet biztosítása érdekében – ez a vizet stratégiai jelentőségű nemzetbiztonsági kérdéssé emelné.
- Annak lehetővé tétele az OVF számára, hogy a vízgazdálkodás terén ágazatközi referenciaintézményeként működhessen, hosszú távú, a politikai silómentalitáson és a politikai ciklusokon túlmutató perspektívával.
- A jelenleg a katasztrófavédelemre irányuló fókusz kiterjesztése az éghajlatváltozáshoz való alkalmazkodást szolgáló vízkészlet-gazdálkodásra, építve arra, hogy a vízgazdálkodásért felelős államtitkárság a Belügyminisztériumból átkerült az Energiaügyi Minisztériumba, ahol a körforgásos gazdaságért és klímapolitikáért felelős államtitkárság is működik; Ez lehetőséget ad vízpolitika és éghajlatváltozáshoz való alkalmazkodást szolgáló politika közötti koordináció és szinergiák javítására.
- Bizonyos vízgazdálkodási funkciók – például a mezőgazdasági vízellátás és a mezőgazdasági vízigény – esetében annak tisztázása, hogy a feladatkörök hogyan oszlanak meg az Energiaügyi Minisztérium és az Agrárminisztérium között, különös tekintettel a kormány tagjainak feladat- és hatásköreiről szóló 182/2022 (V. 24.) kormányrendeletre.
- Jogalap létrehozása az éghajlatváltozás hatásaival szembeni reziliencia szempontjából kritikus jelentőségű, újonnan megjelenő vízgazdálkodási koncepciók (például a vízmegtartás, a víz újrahasznosítása és a természetalapú megoldások) magyarországi elfogadásának támogatására és felgyorsítására.

Erősítsék meg a vízügyi és az éghajlatváltozáshoz való alkalmazkodással kapcsolatos kormányközi koordinációt azáltal, hogy a Vízgazdálkodási Tárcaközi Bizottságba meghívnak további olyan minisztériumokat és ügynökségeket, melyek rendelkeznek vízügyi hatáskörökkel. A Bizottság eredményességének erősítése érdekében fontolóra kell venni annak lehetőségét, hogy az összes vízügyi hatáskörrel rendelkező minisztériumot (például a Belügyminisztériumot, az Építési és Közlekedési Minisztériumot, a (ma: NGM) és a Külügyminisztériumot) is hivatalosan bevonjanak. Ez a lépés: (i) lehetővé tenné az érintett minisztériumok számára, hogy összehangoltan dolgozzák ki a szakpolitikákat és a jogalkotási javaslatokat; (ii) biztosítaná a polgári védelem, a vízi infrastruktúra, a vízhez kapcsolódó díjak és a költségvetési tervezés, valamint az EUSDR közötti kapcsolódási pontokat, összhangban az egyes minisztériumok hatásköreit előíró hatályos szabályozással; (iii) jobban összehangolná a nemzeti vízügyi stratégiát a tágabb társadalmi, gazdasági és környezeti célokkal, ami enyhítené a fragmentáltságot, fokozná a beruházások hatékonyságát, továbbá fenntarthatóbb, az éghajlatváltozás hatásaival szemben reziliensebb eredményeket hozna. A Bizottság elnöki tisztét a vízügyért felelős minisztérium vagy a Miniszterelnöki Hivatal, illetve társelnökök tölthetik be. A nemzetközi tapasztalatok azt mutatják, hogy számos lehetséges megoldás létezik. Írországban például az Éghajlatügyi Végrehajtó Testület (Climate Action Delivery Board) elnöki tisztét a Taoiseach (Miniszterelnök) Hivatalának és a környezetvédelemért, az éghajlatért és a kommunikációért felelős minisztériumnak a főtitkárai közösen töltik be (Government of Ireland, 2024[9]).

A vízzel kapcsolatos legfőbb kormányzati szervek kapacitásának megerősítése nemzeti szinten, az éghajlatváltozás hatásaival szembeni rezilienciához köthető funkciókra összpontosítva. A vízgazdálkodási törvény 2025. évi módosítása a víz megőrzését és a vízhiány kezelését is az állam vízügyi feladatai közé sorolja. Erre építve Magyarország:

- megnövelhetné az OVF alkalmazottainak kapacitását, hogy hatékonyan állhassanak át a vízelvezetésre fókuszáló megközelítésről a vízmegtartásra és a fenntartható vízkészlet-gazdálkodásra és -tervezésre, annak érdekében, hogy a folyamatosan alakuló éghajlati kihívásokra reagálni tudjanak, továbbá támogatni tudják az érintett minisztériumok és VIZIG-ek tevékenységét;
- összehangolhatná az Energiaügyi Minisztérium és a Kulturális és Innovációs Minisztérium felsőoktatással kapcsolatos céljait, különös tekintettel a mérnöki, geológiai és hidrológiai szakok, valamint a kapcsolódó vízgazdálkodási szakok tanterveinek a vízmegtartást érintő új prioritások alapján történő frissítésére;
- a VITUKI megszüntetését követően megerősíthetné az Energiaügyi Minisztérium alá tartozó HungaroMet által működtetett Nemzeti Alkalmazkodási Központ kormányzati „tudásközvetítőként” betöltött szerepét, amely az éghajlatváltozáshoz való alkalmazkodással (többek között a vízüggyel) kapcsolatos tudományos kutatások alapján dolgoz ki megvalósítható szakpolitikai ajánlásokat; A Nemzeti Alkalmazkodási Központ kihasználhatná azt a vízzel és az éghajlattal kapcsolatos igen bőséges ismeretanyagot, amelyet a nemzeti és nemzetközi projektek, többek között a LIFE és az Interreg kezdeményezések (pl. Duna-vízgyűjtő Vízmérleg projekt, Raab Flood 4Cast), az ICPDR, a HUN-REN Agrártudományi Kutatóközpont, a legfontosabb egyetemek (pl. Magyar Agrár- és Élettudományi Egyetem, a Közszolgálati Egyetem a vízkonfliktusok kezelésével foglalkozó UNESCO tanszékkel), szakmai szövetségek (pl. Magyar Hidrológiai Társaság), nem kormányzati szervezetek (pl. Vízőrzők, Víz Koalíció, Magyarországi Éghajlatvédelmi Szövetség, Egyensúly Intézet, valamint a szubnacionális szinten kialakuló úgynevezett „vízgyűjtő-közösségek") és a területi vízgazdálkodási tanácsok halmoztak fel. A skóciai Vízügyi Szakértői Központ (Centre for Expertise on Water) ezen a téren példaként szolgálhat (3.2).

3.2. keretes szöveg: A skóciai Vízügyi Szakértői Központ, Egyesült Királyság

A 2011. évi stratégiai kutatási programjának keretében a skót kormány támogatta a Vízügyi Szakértői Központ (Centre for Expertise on Water, CREW) létrehozását, amely környezetvédelmi, földhasználati, mezőgazdasági, élelmiszeripari, vidékfejlesztési és gazdasági kérdésekkel foglalkozó kutatási-szakpolitikai platformként funkcionál. A Központnak tíz állami szerv tehet fel szakpolitikai kérdéseket különböző témákban (pl. vízminőség és egészség, hidrológiai szélsőségek, tengerpartok és kockázatkezelés), amelyeket aztán a Skóciában működő releváns tudományos és kutatóintézetek felé is továbbítanak, elősegítve az interdiszciplináris együttműködést a szakpolitikai hiányosságok azonosítása és kezelése érdekében. E kutatás biztosítja az eredményes kormányzáshoz szükséges tudományos bizonyítékokat, akár úgy, hogy a szakpolitikai szükségletek kapcsán ad további információkat, akár úgy, hogy támogatja a szakpolitikai mechanizmusok jobb megértését. A Központ működési költségei a 2022–2023-as időszakban körülbelül 1 millió fontra rúgtak. A 2022-ben elvégzett független stratégiai felülvizsgálat megerősítette, hogy a Központ tevékenységeiből kézzelfogható előnyök származnak – ilyen például az érdekelt felek aggályainak figyelembevétele, a szakpolitikai döntéshozatal paradigmaváltásának lehetővé tétele, valamint a gyakorlati alapok megteremtése a szakpolitika kidolgozásához és fejlesztéséhez.

Forrás: (OECD, 2024[10])

Gazdasági és szabályozási eszközök alkalmazása a víz iránti igény szabályozására

Hiányosságok

Gazdasági eszközök

A jelenlegi vízdíjak mellett nem lehetséges a költségek teljes megtérülése és a víztakarékosság, továbbá nincs lehetőség a kereslet csökkentésére. Az európai OECD-tagok közül Magyarországon érvényesítik a második legalacsonyabb víz- és szennyvízdíjat (1 USD/m^3 alatt), a lakossági díjakat pedig 2013-ban befagyasztották, hogy a háztartások számára megfizethetőek maradjanak. A közüzemi ivóvízellátás költségmegtérülési aránya 2018-ban átlagosan 81,5% volt, ami a 2009. évi 99,2%-hoz képest visszaesést jelent (OVF, 2022[11]). Az energia- és munkaerő-költségekben azóta – pontosabban 2022–2023-ban – bekövetkező meredek emelkedés következtében tovább nőttek a közműszolgáltatók működési költségei (CKA, 2024[12]). A víziközmű-szolgáltatók működési eredményeinek romlása ellenére, illetve annak ellenére, hogy éves bontású tizenötéves beruházási terveikben előrejelezték, hogy 2017 és 2022 között szükség lesz a karbantartási és beruházási források növelésére, a MEKH által a díjak módosítására vonatkozóan évente benyújtott javaslatokat nem fogadták el (State Audit Office, 2024[13]). Ezenkívül az ÁSZ felhívta a figyelmet arra, hogy a közműszolgáltatók romló működési eredményei és a hálózataikban tapasztalható növekvő vízveszteségek közötti összefüggés áll fenn, amelynek következtében a közellátás céljára kivett vízmennyiség egynegyede (melynek becsült értéke meghaladja az évi 17 milliárd forintot, azaz 44 millió eurót évente) nem termel bevételt. 2023-ban díjemelésre került sor a nem lakossági vízfogyasztók esetében, ami véget vetett a víziközmű-szolgáltatási díjak tízéves befagyasztásának, és megnövelte a közműszolgáltatók bevételeit, azonban nem egyértelmű, hogy ez mennyire tükrözte a tényleges költségmegtérülést és a tényleges beruházási igényeket. A díjemelésről folytatott kommunikáció korlátozott jellege hozzájárult ahhoz, hogy a nem lakossági vízfogyasztók körében az új díjszabás elfogadottsága alacsony szintű volt. Hozzá kell tenni azt is, hogy – jóllehet nem ez a díjak kifejezett célja – a vízdíjak túlságosan alacsonyak ahhoz, hogy ösztönözni tudják a fenntartható vízhasználatot, amely pedig egyre sürgetőbb a fokozódó vízhiány miatt. Az ÁSZ (2024[13]) kiemelte, hogy a 2017 és 2022 közötti időszakban a díjszabási struktúra – amelyet mind a lakossági, mind a nem lakossági felhasználók számára befagyasztottak – nem ösztönözte a hatékony, fenntartható vízfogyasztást.

Jóllehet a vízkészletjárulék több tényezőt is figyelembe vevő, kifinomult konstrukció, **a kitűzött céljai elérésében csak korlátozott sikert ért el.** A díjak eredeti célja a vízkereslet szabályozása, a víz hatékony elosztása, a konfliktusok megelőzése és a Vízalapba, majd ezt követően a nemzeti költségvetésbe befolyó stabil bevétel biztosítása lett volna, de ezeket a célokat nem sikerült szisztematikusan elérni, és a díjak viszonylag alacsonyak szinten maradtak. Ennek következtében a díj jobbára kevés bevételt generált, és nem ösztönözte a takarékos vízhasználatot. A vízigény gazdasági és szabályozási eszközökkel történő szabályozása Magyarországon korlátozott figyelmet kapott: a kormány a vízhiány kapcsán felmerülő problémákra elsősorban kínálati oldali technikai megoldásokkal reagált. 2025 májusában például az Aszályvédelmi Operatív Törzs javaslata alapján a kormány 4,7 milliárd forint (12,2 millió euró) összegben rendelt el „azonnali beavatkozást" annak érdekében, hogy a vízmegtartást szolgáló intézkedésekkel (azaz a csatornák, a víztározók és a holtágak tárolókapacitásának maximális kihasználásával) biztosítsa a vízkészletek növeléséhez szükséges műszaki feltételeket. Ugyanekkor azonban a mezőgazdasági vízfelhasználók mentességet kaptak a vízkészletjárulék megfizetése alól, ami gyengítette a takarékos mezőgazdasági vízfelhasználást ösztönző tényezők hatását.

A mentességek következtében tovább gyengül a vízdíjak eredményessége, ami mindenekelőtt a mezőgazdaságban figyelhető meg. A 4 000 m^3/ha/évnél alacsonyabb mennyiségek esetében az öntözővíz-felhasználók 2018 óta mentesülnek a vízkészletjárulék megfizetése alól; ez a mennyiség jóval meghaladja a magyarországi átlagos öntözési felhasználást (1 448 m^3/ha/év)year (State Audit Office, 2025[7]). Ezenkívül a 2016-ban bevezetett jogszabályi rendelkezések lehetővé teszik a vízgazdálkodásért felelős miniszter számára, hogy tartós vízhiányt hirdessen ki, és a mezőgazdasági termelőket mentesítse a vízkészletjárulék (2023-tól kezdődően pedig a mezőgazdasági vízszolgáltatási díj) megfizetése alól. A 2017 óta eltelt időszakban az évek többségében több hónapra szólóan hirdettek ki tartós vízhiányt, ami aláássa a mezőgazdasági vízszolgáltatási díj céljának megvalósulását, vagyis a vízellátási költségek megtérülését. Tekintettel arra, hogy a vízhiányos időszakokban a vízkészletjárulékban és a mezőgazdasági vízszolgáltatási díjban nem érvényesülnek költségjelzések, a szóban forgó mentességek torzító hatású támogatásnak tekintendők, amelyek ösztönzik az öntözést, eltántorítják az érintetteket a víztakarékosabb gyakorlatok és növények alkalmazásától, továbbá aláássák mind a költségek megtérülését, mind pedig a vízkészletek hatékony elosztását. A vízgazdálkodási törvény 2025. évi módosítása lehetővé teszi, hogy a mentességeket ne országos szinten alkalmazzák, hanem kijelölt területeket célozzanak meg vele, ami csökkenti a kiesett bevételeket. Azonban a mentességek így is érvényben maradnak azokon a területeken, ahol a legsúlyosabb a vízhiány, ami ösztönzi a vízkivételt és fokozza a vízhiányt.

Szabályozás

A kis léptékű talajvízkivételek és a kis kutak nem megfelelő nyilvántartása és felügyelete következtében adathiány alakult ki, valamit gyengült a vízkészletek fenntartható tervezésére és elosztására való képesség. Az ellenőrzés hiánya következtében megnő a szennyeződés kockázata, ami veszélyezteti az ivóvíz biztonságát és a jövőbeli generációk környezeti jogait. Az évi 500 m^3 alatti vízkivételi mennyiségeknél nem szükséges regisztráció és engedély az olyan, 50 méternél kisebb mélységű háztartási kutak esetében, amelyek a vízkészletek védelme szempontjából kockázatmentesnek minősített területeken működnek, és nem érik el a víztartó réteget. Mezőgazdasági kutak esetében az építési kivitelezés, majd azt követően az üzemeltetés bejelentés- vagy engedélyköteles. A vízkivétel minden egyéb esetben engedélyköteles. A háztartási kutakat érintő bejelentési kötelezettség, valamint az 50 méternél kisebb mélységű kutakra vonatkozó visszamenőleges jelentéstételi kötelezettség ismételt bevezetésére irányuló erőfeszítések rendre megakadtak, majd végül ezeket megszüntették (Equilibrium Institute, 2025[14]). A talajvíz felhasználásának helyére, mennyiségére és céljára vonatkozó adatok hiánya következtében a vízügyi hatóságok korlátozottan képesek a források fenntartható tervezésére és elosztására. Hozzá kell tenni azt is, hogy kútfúrási gyakorlatok felügyeletének hiánya miatt fokozottabb a szennyezés kockázata, ami veszélyezteti a talajvíz minőségét – és a 82%-ban a talajvízből származó ivóvíz biztonságát –, aláásva a jövő generációknak a tiszta és egészséges környezethez, és a természeti erőforrásokhoz való hozzáféréshez való jogának[3] érvényesülését, melyeket az alaptörvény garantál. Jóllehet kutakat csak olyan szakemberek tervezhetnek és építhetnek, akik rendelkeznek a kormányrendeletben előírt képesítéssel és engedéllyel, és bár a Magyar Vízkútfúrók Egyesülete elnevezésű szakmai civil szervezet vezet nem hivatalos nyilvántartást a tanúsítvánnyal rendelkező vállalkozókról, ez a jegyzék nem frissül eléggé gyakran ahhoz, hogy garantálja a megbízhatóságot és a szabályoknak való megfelelést.

A vízkivételi engedélyek nem veszik szisztematikusan figyelembe a vízhiány miatti korlátozásokat. A gazdálkodási törvény meghatározza a vízkivételi engedélyek kibocsátását meghatározó magas szintű alapelveket, és előírja, hogy az engedélyezési eljárás során tekintettel kell lenni a vízhasználati hierarchiára. Az engedélyek érvényessége korlátozott időtartamú, és elvben megtagadhatók vagy módosíthatók a vízgyűjtő-gazdálkodási terv céljainak fenntartására vagy elérésére tekintettel (European Commission, 2025[15]). A VIZIG-ek és a vízügyi hatóságok azonban sok esetben nem rendelkeznek az ahhoz szükséges kapacitásokkal és erőforrásokkal, hogy a vízkészletek elosztása és az engedélyek kibocsátása során szisztematikusan mérlegeljék ezeket az alapelveket és a vízhiány esetén alkalmazott korlátozásokat, aminek következtében felmerül a víz túlzott mennyiségű elosztásának, a strukturális vízhiánynak és a konfliktusoknak a kockázata. A víz túlzott mennyiségű elosztásának kockázatát tovább növelheti, hogy a mezőgazdasági talajvíz-kivételi engedélyek kibocsátására az öntözésért felelős nemzeti hatóság jogosult. Ebből következik, hogy a VIZIG-ek és a helyi vízügyi hatóságok gyakran nem látják át teljesen a területükön kibocsátott vízkivételi engedélyeket, miközben a mezőgazdasági talajvízkivételi engedélyekhez kapcsolódó döntések adott esetben nem veszik következetesen figyelembe a meglévő kitermelési és hiányszinteket. Ugyanakkor nem létezik olyan bevett mechanizmus, melynek keretében a vízkitermelési engedélyeket a vízhiányos időszakokban felülvizsgálnák, továbbá nem áll rendelkezésre olyan egyértelmű adminisztratív módszer, amely az engedélyezett mennyiségek valamennyi felhasználót érintő méltányos csökkentését szolgálná. A VIZIG-ek és a vízügyi hatóságok csak korlátozottan ismerik a vízgazdálkodási törvényben előírt vízhasználati hierarchiát, illetve korlátozottan érvényesítik azt. Nevezetesen: nincsenek érvényben olyan jogszabályi rendelkezések, amelyek biztosítanák a minimális ökológiai lefolyás elosztását (ami a vízhasználati hierarchiában a negyedik helyen áll), továbbá az aszályos körülmények miatt még nem vezettek be vízkivétel-korlátozást, annak ellenére sem, hogy egyre gyakrabban, egyre súlyosabb formában jelentkeznek. A vízhiányos időszakokban az öntözésre használt víz esetében a vízdíj megfizetése alóli mentesség ösztönzi a mezőgazdasági célú vízkivételt, ami gyakorlatilag a magasabb prioritásnak minősülő felhasználások elé helyezi az (ötödik helyen álló) öntözést.

E problémákat tovább súlyosbítja a korlátozott végrehajtás, a megfelelés hiánya, valamint az illegális vízkivétel. A 2008 és 2015 közötti időszakban végzett ellenőrzések azt mutatják, hogy a vízügy volt az a környezeti terület, ahol a szabályoknak való megfelelés elmulasztásának aránya a legmagasabb volt (17,5 %)[4] (OECD, 2018[2]). Az illegális kutak esete jól szemlélteti a problémát: a becslések szerint a mezőgazdasági célú talajvízkivételek 19%-a engedély nélkül zajlott, és az illegális mezőgazdasági kutak száma meghaladhatja a 100 000-et (State Audit Office, 2025[7]). Összességében elmondható, hogy a becslések szerint a magyarországi kutak mindössze 10%-a hivatalosan engedélyezett (OVF, 2022[11]). A meg nem felelésért kiszabható szankciók visszatartó ereje nem elégséges, tekintettel arra, hogy az engedély nélküli vízkivételért kiszabható pénzbüntetés összege 300 000 forint (778 euró) és 1 millió forint (2594 euró) között mozog. A VIZIG-ek és a vármegyei kormányhivatalok nem rendelkeznek azokkal a kapacitásokkal és erőforrásokkal, amelyekkel biztosítani tudnák a megbízható engedélyezési eljárást, továbbá a vízjogi engedélyek megfelelő nyomon követését és végrehajtását (vagyis azt, hogy a kivett mennyiség megfeleljen az engedélyben feltüntetett maximális mennyiségnek).

Ajánlások

A vízdíjakat és a vízkészletjárulékokat javasolt olyan szinten megállapítani, amely lehetővé teszi a költségek megtérülését és a víz iránti kereslet szabályozását. Ez a következőket foglalja magában: az egyes díjak és díjszabások céljainak egyértelmű meghatározása (vagy ismételt meghatározása); olyan díj- és díjszabás-szerkezet kialakítása, amely támogatja e célok megvalósítását (3.3); az új díjak és díjszabások fokozatos és kiszámítható módon történő bevezetése, továbbá rendszeres frissítésük biztosítása (pl. a MEKH éves díjszabási javaslatai alapján, amelyeknek jól meghatározott módszertant kell követniük). Egyértelmű, hogy a kormány prioritásként kezeli a megfizethető díjak fenntartását; a jövőben egy kiegyensúlyozott megközelítés segíthetne összeegyeztetni a megfizethetőséget a vízi infrastruktúrába, valamint az éghajlatváltozáshoz való alkalmazkodásba történő fenntartható beruházások szükségességével. A díjak emelésének és az infrastrukturális beruházásoknak az elhalasztása – melyhez a költségek megtérülése és az uniós beruházások terén tapasztalható csökkenő tendencia társul – veszélyeztetheti a vízellátás biztonságát, és még inkább megnövelheti azokat a jövőbeli szükséges beruházásokat, amelyek az ivóvíz és a városi szennyvízkezelés terén alkalmazott egyre szigorúbb uniós szabványoknak való megfeleléshez szükségesek.

Javasolt, hogy a rendszer pontosabban tükrözze a vízhiány mértékét és ösztönözze a vízkivétel csökkentését, többek között az alábbiak révén:

- A víz rendelkezésre állásának változásait tükröző, szezonális vagy az aszályt figyelembe vevő díjak, amelyek a száraz időszakokban ösztönözhetik a vízvédelmet.
- A mezőgazdasági vízszolgáltatási díjak differenciálása a különböző tevékenységekkel járó vízfelhasználás mértéke alapján, az öntözés esetében magasabb díjakat megállapítva, mint a haltenyésztés és a rizstermesztés esetében (mely utóbbiaknál a kivett víz nagyobb mértékben kerül vissza a környezetbe). Magyarországon az egységes díjak 2020. évi bevezetése előtt ilyen rendszer működött.
- A vízdíjak kombinálása az olyan víztakarékos technológiák célzott támogatásával (pl. csepegtető öntözés és esővízgyűjtő tavak), amelyek ösztönözhetik a hatékonyabb vízhasználatot. Az ilyen technológiák támogatása költséghatékonyabb megoldás lenne, mint az öntözést végző szereplők vízdíjainak jelenlegi torzító hatású támogatása, valamint segítené azt, hogy a gazdák termelési és beruházási döntései a víz tényleges rendelkezésre állásához kezdjenek igazodni.
- A vízdíjak differenciálása annak ösztönzésére, hogy mezőgazdasági célokra az édesvíz kivétele helyett inkább újrafelhasznált vizet használjanak. A vízdíjaknak mindenesetre biztosítaniuk kellene az adminisztrációval, a vízkészletek nyomon követésével és előrejelzésével, az engedélyeknek való megfelelés ellenőrzésével, illetve az engedélyek végrehajtásával kapcsolatban felmerülő valamennyi költség megtérülését.

Vízhiányos időszakokban kerülendő a díjak megfizetése alóli általános mentesség. Az ilyen jellegű mentességek szándékolatlanul is ösztönözhetik a további vízkivételt, éppen akkor, amikor a készletek a legszűkösebbek. Tekintettel arra, hogy a mezőgazdasági termelők kompenzációban részesülnek az árvizek okozta termésveszteségét, hasonló mechanizmust lehetne létrehozni az öntözés korlátozása miatt bekövetkező veszteségek kompenzálására is.

Megfontolandó, hogy milyen érvek szólnak vízdíjakból származó bevételek vízügyi célokra történő elkülönítése mellett, illetve ellene; van példa ilyen rendszerre, ugyanis korábban a vízkészletjárulék a – Vízügyi Alap? folyt be. A vízdíjakból származó bevételek vízkészlet-gazdálkodásba történő visszaforgatása megerősítheti a magasabb vízdíjak legitimitását és társadalmi elfogadottságát, hiszen a vízdíjak a végfelhasználók javát szolgálják (pl. lehetővé teszik számukra, hogy vízvédelmi célokra forrásokhoz jussanak). Az így befolyt összegeket az infrastruktúra fejlesztésén túl fel lehetne használni a vízkészletek nyomon követésére és értékelésére, a megfelelés ellenőrzésével és végrehajtásával kapcsolatban felmerülő költségek fedezésére, valamint a vízügyi nemzeti és szubnacionális intézmények szélesebb körű humán- és műszaki kapacitásának fejlesztésére.

Javasolt kiegészítő intézkedések elfogadása a vízdíjak eredményességének és elfogadottságának növelése érdekében. Javasolt olyan egyértelmű kommunikációs stratégia kidolgozása, amely minden ágazatot (pl. mezőgazdasági vízfelhasználók, ipari felhasználók, egyéb nem lakossági felhasználók és háztartások) elér, és tájékoztatja a felhasználókat a vízdíjak és a díjszabások céljairól (pl. a fenntartható fogyasztás ösztönzése, a költségek megtérülésének biztosítása), továbbá – a kiszámíthatóságot biztosítandó – átláthatóan ismerteti a jövőbeni lehetséges kiigazításokat. Javasolt, hogy a díjszabások kiigazításainak társadalmi elfogadottságát úgy fokozzák, hogy szociális intézkedésekkel biztosítják a vízszolgáltatás megfizethetőségét az alacsony jövedelemmel rendelkező háztartások számára. Ilyen intézkedés többek között az alacsony jövedelemmel rendelkező háztartások célzott pénzügyi támogatása, a díjszabási struktúrák progresszív elemei, valamint a vízszolgáltatásokkal kapcsolatos adózási lehetőségek felülvizsgálata (e szolgáltatásokat jelenleg 27%-os hozzáadottérték-adó (héa) terheli). A nem lakossági díjszabások alacsonyabb mértékűek lehetnek az úgynevezett „szociális" felhasználók (pl. az iskolák, kórházak és egyéb közszolgáltatások) esetében. A takarékos vízhasználathoz kapcsolódó szemléletformáló programok célközönségét alkothatják a nem lakossági felhasználók, különösen azok, akik az ipar és a mezőgazdaság területén végeznek tevékenységet. A háztartások által támasztott kereslet szabályozása magában foglalhatja az oktatást és a szemléletformálást, a víztakarékos szerelvények és felszerelések (pl. víztakarékos zuhanyrózsák, vagy a vécétartály térfogatát csökkentő eszközök) kiosztását, vagy a számlák kapcsán figyelmeztető üzenetek küldését (OECD, 2022[16]).

3.3. keretes szöveg: Vízdíjak és díjszabások: OECD-országok – áttekintés és példák

Az ivóvízellátás terén alkalmazott díjszabásokkal és a vízhasználati díjakkal szabályozható a víz iránti kereslet, biztosítható a szolgáltatásnyújtási költségek megtérülése, valamint jelezhető a vízkészletek értéke és szűkössége. Az eredményesen kialakított díjak és díjszabások ösztönözhetik a fenntarthatóbb vízhasználatot, támogathatják a környezetvédelmi célok elérését, valamint hozzájárulhatnak a vízgazdálkodási rendszerek pénzügyi életképességéhez. Azonban a díjak és a díjszabások szerkezete és eredményessége függ az árképzési mechanizmustól, a végrehajtási kapacitástól és a helyi hidrológiai feltételektől.

Az ivóvízellátás díjszabásai

- Az **átalánydíj** esetében minden fogyasztó ugyanakkora összeget fizet, a fogyasztott mennyiségtől függetlenül. A díj lehet egységes vagy a felhasználó jellemzői vagy bizonyos szezonális tényezők függvényében változó. Ezt a díjszabást régebben gyakran alkalmazták olyan vízben gazdag területeken, ahol a mérőórák száma alacsony volt, ma már azonban kevésbé használják. Az átalánydíj adminisztratív szempontból egyszerű, továbbá stabil bevételt biztosít, de nem tükrözi a szolgáltatás tényleges költségét, nem ad árjelzést a felhasználóknak, továbbá olyan helyzethez vezethet, ahol a keveset fogyasztó felhasználók adnak kereszttámogatást a sokat fogyasztóknak.
- **A kéttényezős díjszabások** (ilyen például a magyarországi díjszabási rendszer) az alapdíjat kombinálják a mennyiség alapján kiszámított díjjal. Az alapdíj (amely lehet egységes vagy a felhasználói jellemzők szerint differenciált) általában fedezi a mérőóra-leolvasással és a számlázással kapcsolatban felmerült költségeket és az infrastruktúra költségeit, míg a mennyiségi komponens a változó költségeket tükrözi, és ösztönzi a vízvédelmet. A mennyiség alapján történő árképzés lehet egységes – ilyenkor ugyanazt a köbméterenkénti díjat érvényesítik – vagy nem egységes (erre példa a sávos díjszabás, angolul *Increasing Block Tariffs,* IBT), amelynek esetében az egységár a fogyasztással együtt emelkedik a hatékonyság, a méltányosság és a megfizethetőség elősegítése érdekében. A sávos díjszabások az alacsony jövedelemmel rendelkező háztartások védelmét célozzák azzal, hogy az alapvető szükségletek kielégítéséhez támogatott díjakat rendelnek, ugyanakkor az eredmények a háztartás méretétől vagy a közös csatlakozásoktól függően változnak. Vannak rendszerek, amelyek a sávok méretét vagy a díjakat a felhasználói jellemzőkhöz igazítják. A kéttényezős díjszabások viszonylagos egyszerű rendszerek, ami segíti az átláthatóságot és a költségek megtérülését, ugyanakkor a mennyiségi komponens esetében a gondos kialakítás elengedhetetlen ahhoz, hogy a kívánt társadalmi és környezeti célokat úgy érje le a rendszer, hogy nem vált ki szándékolatlan elosztási hatásokat (különösen igaz ez a sávos rendszerek esetében). Olaszország például az 1970-es évek óta alkalmaz sávos díjszabási rendszert a vízszolgáltatásban.
- A víz rendelkezésre állásának változásait tükrözik **a szezonális vagy az aszályt figyelembe vevő díjszabások**, amelyek a száraz időszakokban ösztönözhetik a vízvédelmet. Ausztráliában, Új-Dél-Wales államban például az aszály alatti árképzés 31 napos átmeneti időszak után lép hatályba, akkor, amikor a duzzasztógátaknál a tárolt víz mennyisége 60% alá

esik. Amikor a tárolt mennyiség meghaladja a 70%-ot, 31 nap után visszaáll a szokásos árképzés. Jóllehet az ilyen díjszabások segíthetnek a rövid távú vízhiány kezelésében, nem feltétlenül jelentenek jó megoldást a gyakori vagy hosszan tartó aszályok esetén, mivel bizonyos társadalmi csoportok esetében kedvezőtlen szociális következményekkel járhatnak.

Vízkészletjárulékok

- Az **engedélyalapú díjak** a vízkivételi engedélyéhez kapcsolódó fix díjak, melynek célja az engedélyezési rendszer adminisztratív költségeinek fedezése. Ezek a díjak inkább szabályozó eszköznek, semmint a vízhasználatot befolyásoló gazdasági jelzésnek tekintendők. Bár alkalmazásuk egyszerű, és eredményesen biztosítják a megfelelést, nem ösztönzik a víztakarékosságot, és nem tükrözik a víznek a szűkösségéből fakadó értékét. A legtöbb kanadai tartományban ilyen díjakat érvényesítenek a nagy ipari és kereskedelmi felhasználók esetében.
- **A mennyiségalapú díjak** a kivett víz mennyiségétől függenek, azaz közvetlenül alkalmazzák „a felhasználó fizet” elvet. A díjak lehetnek egységesek, vagy változhatnak bizonyos tényezők függvényében; ilyen tényező lehet a felhasználás típusa, a forrás (pl. talajvíz vagy felszíni víz) vagy a helyszín. Ezek a díjak a felhasználáshoz kapcsolják a fizetést, aminek köszönhetően internalizálják a környezeti költségeket és segítik a vízkészletek méltányosabb elosztását. Ösztönzik a víztakarékosságot, azonban eredményes működésükhöz megbízható mérési, ellenőrzési és végrehajtási rendszerekre, valamint bizonyos felhasználók esetében a megfizethetőséget garantáló védintézkedésekre van szükség. Franciaországban a vízügyi hatóságok már több mint 50 éve alkalmaznak mennyiségalapú díjakat. A díjak a felhasználás típusától, a víz eredetétől és a földrajzi övezetektől függően változnak; a vízhiányos területeken magasabb díjak érvényesülnek. Bizonyos felhasználások (pl. geotermikus energia) esetében mentességek élvezhetők; a bevételeket a vízkészletek védelmére és minőségének javítására fordítják.
- **A progresszív differenciált mennyiségalapú díjak** esetében a kivett mennyiség vagy a környezeti kockázati tényezők (pl. a víztartó réteg sérülékenysége vagy a helyi szinten jelentkező vízhiány) alapján magasabb díjak érvényesülnek. Ez a megközelítés ösztönzi a vízvédelmet és visszatartja a túlzottan igénybe vett területeken történő vízkivételt, annak köszönhetően, hogy pontosabban tükrözi a vízhasználat környezeti költségeit. E díjak kialakításához és végrehajtásához azonban részletes adatokra és erős intézményi kapacitásra van szükség. Belgiumban, Flandria régióban a talajvíz esetében alkalmazott díjak a kivett mennyiséggel arányosan emelkednek, és a víztartó réteg állapotának, illetve a helyi talajvíznyomásnak a függvényében változnak.
- **A kéttényezős vízkészletjárulékok** egy fix alapdíjat kombinálnak egy mennyiségi alapú díjjal. Ez a megoldás elkülöníti a hozzáférési jogok költségét a tényleges vízhasználattól, amivel egyszerre támogatja az elosztás hatékonyságát és a bevételek stabilitását. Ez a megközelítés jól alkalmazható a világosan meghatározott vízügyi jogokat magukban foglaló rendszerekben, ugyanakkor megbízható mérési rendszerek szükségesek hozzá, és adott esetben adminisztratív szempontból bonyolultabbak lehetnek. Ausztráliában, Új-Dél-Wales államban a felhasználók fix összeget fizetnek a jogosultságért, mely díjhoz társul egy mennyiségalapú díj. Ez arra ösztönzi őket, hogy csak a jogokkal csak a szükséges mértékben éljenek, és elősegíti a víztakarékos felhasználást.
- **A szezonális vagy az aszályt figyelembe vevő díjszabások** bizonyos időszakokban vagy vízhiányos periódusokban magasabb díjakat alkalmaznak, így olyan gazdasági jelzéseket küldenek, amelyek tükrözik a víz rendelkezésre állásának változásait. Ezek a díjszabási rendszerek éghajlati és hidrológiai feltételek alapján határozzák meg az árakat, ösztönözve ezzel a vízvédelmet és a hatékonyabb vízfelhasználást a kritikus időszakokban. Eredményességük alapja a vízkészletek állapotának időszerű és pontos nyomon követése. Ez

a rendszer ugyanakkor bizonytalanságot kelthet a vízfelhasználók körében a költségek tekintetében. A brazíliai Ceará államban – amely szemi-arid térség – a vízkészletjárulékok az aszályos években megemelkednek, hogy tükrözzék a magasabb vízszolgáltatási költségeket, továbbá hogy a takarékosabb vízfelhasználást ösztönözzék a leginkább vízhiányos időszakokban.

- **A szankcionálást célzó és a túlhasználat esetében alkalmazandó pótdíjak** is előírhatók abban az esetben, ha a felhasználók túllépik a megengedett vízkivételi küszöbértékeket. A pótdíjak támogathatják a megfelelést, ugyanakkor pontos mérést és következetes szabályozói felügyeletet tesznek szükségessé. Cipruson a vízkivételt végző felhasználóknak a számukra megengedett mennyiség fölötti vízkivétel után köbméterenkénti pótdíjat kell fizetniük, ami biztosítja azt, hogy tartják magukat a megengedett mennyiséghez és visszatartja őket a túlhasználattól.

Források: (OECD, 2010[17]), (WaterNSW, 2025[18]), (Cecchi, Conti and Ravagli, 2022[19]), (Leflaive and Hjort, 2020[20]), (IEEP, 2022[21]), (European Court of Auditors, 2021[22])

A vízszolgáltatások pénzügyi fenntarthatóságának támogatása és az éghajlatváltozás hatásaival szembeni reziliencia előmozdítása érdekében **javasolt a potenciálisan káros hatású támogatások felülvizsgálata és reformja, valamint a negatív környezeti externáliák megadóztatása lehetőségének mérlegelése**. Javasolt, hogy Magyarország vegye fontolóra bizonyos gazdasági eszközök bevezetését; ilyen például a nem lakóövezetnek minősülő területeken a vizet át nem eresztő felületek alapján kiszámított úgynevezett csapadékvíz-díj vagy a földterület méretéhez kötött esővíz-hozzájárulás (OECD, 2023[23]). Ezek az eszközök elősegítenék azt, hogy a csapadékot erőforrásnak tekintsék: ösztönözné a nagyobb fokú vízmegtartást és a talajvíz-visszatáplálást, továbbá a csapadékidei túlfolyás elkerülését, emellett pedig bevételi forrásokat biztosítana, melyek a változó csapadékeloszláshoz való alkalmazkodáshoz szükséges infrastrukturális fejlesztések finanszírozására lennének fordíthatók. Ezzel segítenének kezelni a jelenleg tapasztalható egyensúlyhiányt, nevezetesen azt, hogy a közműszolgáltatók felelősek a felesleges csapadékvíz kezeléséért a hálózatukban, de ezért a szolgáltatásért nem részesülnek ellentételezésben, mivel az esővízkezelés nem szerepel a szolgáltatási szerződéseikben. A szóban forgó új gazdasági eszközök bevezetése előtt gondosan mérlegelni kell megvalósíthatóságukat, továbbá azt, hogy milyen hatással lesznek a méltányosságra és hogy az érdekelt felek hogyan reagálnak rájuk.

Javasolt, hogy a vízjogi engedélyezés esetében erőforrás-alapú megközelítést alkalmazzanak , amely tekintettel van a vízhiányra is. A vízgazdálkodási törvény 2025. évi módosításával bevezetett különleges vízkészlet-gazdálkodási körzetek előrelépést jelentenek. Javasolt, hogy a felszíni víztesteket is vonják hasonló intézkedések hatálya alá, és az alkalmazás legyen országos szintű. Első lépésként a különleges vízkészlet-gazdálkodási körzeteket ki lehetne terjeszteni azokra a mikrorégiókra, amelyek a VGT-3 szerint éghajlatváltozással szemben sérülékeny talajvíztestekkel rendelkeznek. A vízkivételi engedélyeket következetes kritériumok alapján, szisztematikusabban, a víz rendelkezésre állásának és a vízkivételnek az alegységekből álló működési, illetve illetékességi területek szintjén történő átfogó, rendszeresen frissített áttekintésére támaszkodva lehetne kibocsátani. Ez magában foglalhatja a víz elosztását szabályozó egyértelmű, átlátható szabályok kidolgozását, olyan előre meghatározott küszöbértékek bevezetését, melyek meghaladása esetén vízkivételi korlátozások lépnek érvénybe, valamint egy olyan átlátható keretrendszer kialakítását, amelyen belül elvégezhető – a vízgazdálkodási törvényben előírt vízhasználati hierarchiának megfelelően – az engedélyek időszakos felülvizsgálata és kiigazítása. A vízügyi hatóságok műszaki és humánkapacitásának megerősítése előfeltétele a következetes felügyeletnek, a túlzott mennyiségű elosztás (valamint a vízfelhaszálók között az ebből fakadó konfliktusok) jelentette kockázat csökkentésének, melyet a vízügyi hatóságok jelenlegi személyzeti létszáma nem tesz szisztematikusan lehetővé.

A vízhasználatra vonatkozó adatgyűjtés elősegítése – és ennek eredményeként a kereslet jobb szabályozása – érdekében javasolt felülvizsgálni a vízkivétel-engedélyezési küszöbértékeket és követelményeket a különleges vízkészlet-gazdálkodási körzetek kijelölésének új gyakorlatára támaszkodva.

- Mindenekelőtt javasolt előmozdítani az intelligens szabályozást, amely „a felhasználó fizet" elvnek megfelelően helyszínekre szabott küszöbértékeket állapít a vízkivétel engedélyezése tekintetében. A szabályozás fókuszálhatna a nem lakossági vízfelhasználókra, annak érdekében, hogy a fenntartható erőforrás-felhasználás biztosítása érdekében a legnagyobb vízfelhasználókat célozza meg, ismerje meg (adatgyűjtés útján) és kísérje figyelemmel. Javasolt az engedélyek rendszeres felülvizsgálata a hidroklimatikus helyzethez való alkalmazkodás érdekében.
- Másodszor: javasolt a mélységtől független, általánosabb hatályú kötelező engedélyeztetés visszaállításának mérlegelése a talajvíz felügyeletének megerősítése, illetve a kapcsolódó környezeti kockázatok enyhítése érdekében. Az arányosság biztosítása és a háztartási felhasználók adminisztratív terheinek minimálisra csökkentése érdekében Magyarország bevezethetné az egyszerűsített regisztrációs eljárást (pl. online platform formájában), továbbá – a megfelelőséget előmozdítandó – célzott műszaki és pénzügyi támogatást nyújthatna. Ezen túlmenően az engedéllyel rendelkező kútfúró vállalkozók hivatalos, naprakész jegyzékének közzétételével előmozdítható lenne a műszaki szabványoknak való megfelelés, enyhíthető lenne a talajvíz- szennyezés kockázata, és észszerűsíthető lenne az adatgyűjtés, tekintettel arra, hogy az újonnan fúrt kutaknak a vízügyi hatóságok felé történő bejelentése a vállalkozók felelőssége lehetne. Javasolt, hogy a nyomon követés és a végrehajtás javítása érdekében Magyarország mérlegelje a vízhasználati adatok automatikus továbbítását lehetővé tevő intelligens mérési technológiák bevezetésének lehetőségét is.
- Harmadszor: javasolt, hogy Magyarország vegye fontolóra annak lehetőségét, hogy az egyszerű regisztrációs követelmények hatályát kiterjeszti az összes háztartási kút általi vízkivételére, függetlenül a kutak mélységétől, a kivett víz mennyiségétől, illetve attól, hogy a kút mely körzetben helyezkedik el, biztosítandó, hogy a földhasználat tervezése során szisztematikusan figyelembe veszik a kutak elhelyezkedését (pl. a hulladékgazdálkodási létesítmények vagy a kőbányák által okozott szennyezés elkerülése érdekében). Az átfogó jegyzékből megismerhető lenne a kisléptékű vízkivételek koncentrációja is, aminek nyomán a szükség szerint lehetne célzott helyi nyomon követést és ellenőrzést végezni.

Javasolt, hogy – megfelelő ellenőrzésekkel és szankciókkal – erősítsék a vízügyi szabályozásoknak való megfelelést, különös tekintettel az illegális kutakra és vízkivételre. A megfelelési rendszernek megbízhatóan működő szabályozási kereten, valamint az illetékes ágazati minisztériumok (pl. az Energiaügyi Minisztérium és az Agrárminisztérium) és a vízügyi hatóságok közötti együttműködésén kell alapulnia. A végrehajtásnak ellenőrzéseken, közvetlen nyomon követésen és méréseken kell alapulnia, valamennyi vízfelhasználás és vízkészlet esetében (jelenleg a vízkivételi engedéllyel rendelkező vízfelhasználóknak csupán 57%-a méri a vízfelhasználást), továbbá innovatív technikákat (pl. műholdképek, távérzékelők, mesterséges intelligencia, vagy repülő és víz alatti drónok) kell alkalmaznia, biztosítandó a költséghatékonyabb ellenőrzéseket és nyomon követést. A megfelelés biztosítása érdekében a szankciók legyenek eredményesek és arányosak. A megfelelést támogathatja, és ugyanakkor a vízkészletek nyomon követését és elosztását is javíthatja, ha a vízkivételi engedélyek kibocsátásának előfeltételévé teszik a megfelelést, illetve adott esetben a helyszíni nyomonkövetési rendszerek telepítését. Az eredményesség és az közvélemény általi elfogadottság érdekében javasolt, hogy a szóban forgó intézkedésekhez az érdekelt felek aktív bevonása, illetve szemléletformálás társuljon (OECD, 2022[16]).

A rezilienciát szolgáló vízgazdálkodáshoz kapcsolódó hosszú távú elképzelés elfogadása

Hiányosságok

Magyarország vízügyi jogszabályi keretrendszere a történelmileg jellemző hidroklimatikus viszonyokból és prioritásokból indul ki, aminek következtében adott esetben csak korlátozottan hatékony a vízhiánnyal kapcsolatban újonnan jelentkező kihívások kezelésében. Magyarország régóta működteti vízgazdálkodási rendszerét, amelyet az árvizek és a belvíz kapcsán szervezett történelmi tapasztalatai formáltak és stabilan működő riasztási rendszerek támogatnak (különösen a Duna mentén), és amely az uniós és a nemzeti jogszabályokon alapul. A közelmúltbeli jogszabályi változások nyomán – ilyen volt például a vízgazdálkodási törvény 2025. évi módosítása – a vízhiány kezelése és a vízvédelem bekerült az állam vízügyi feladatai sorába, valamint meghatározásra kerültek a különleges vízkészlet-gazdálkodási körzetek, megerősítve az aszálykezeléshez kapcsolódó fogalommeghatározásokat és jogi alapokat Magyarországon. Magyarország emellett átültette a víz-újrafelhasználásra vonatkozó minimumkövetelményeket tartalmazó uniós rendeleteket, természetalapú megoldásokat határozott meg, és rendeletekben írt elő általános követelményeket[5]. Ugyanakkor bizonyos további rendelkezések és eszközök (például iránymutatások) lehetővé tehetnék olyan megközelítések és eszközök (pl. vízmegtartás, a víz újrafelhasználása, a víz újraelosztása, természetalapú megoldások) elterjedt és teljes körű bevezetését, amelyek előmozdíthatják az éghajlatváltozás hatásaival szemben reziliensebb vízgazdálkodást. Példa erre az, hogy jóllehet a vízgazdálkodási törvény előírja a vízhasználati hierarchiát és a vízkivételi engedélyek kibocsátását szabályozó elveket, nincs olyan részletes másodlagos jogszabály, amely ezeket az elveket a gyakorlatban működő, kvantitatív jellegű vízelosztási rendszer formájában érvényesítené, és az aszályriadó különböző szintjei alapján automatikus és arányos vízkivételi korlátozásokat léptetne életbe az engedélyesekre vonatkozóan. Ezen túlmenően a Magyarország Határvízi Bizottságainak munkáját meghatározó kétoldalú megállapodások (melyek elengedhetetlenek a fokozódó vízhiány jelentette kihívások kezeléséhez) az árvízvédelemre és a vízminőségre fókuszálnak (melyek ezidáig a legfőbb kérdések voltak), de hatályukat ki lehetne terjeszteni a vízhiány és az aszálykezelés kapcsán felmerülő problémákra is.

Magyarország jelenleg még nem rendelkezik hosszú távú hidroklimatikus előrejelzéseken alapuló, előretekintő vízügyi szakpolitikával. A 2013-ban kidolgozott és 2030-ig érvényes jelenlegi Nemzeti Vízstratégia végrehajtása nehézkesen halad. Jelenleg zajló felülvizsgálata jobban tükrözhetné az elmúlt években egyre gyakrabban jelentkező egyre súlyosabb aszályokat. Míg a Második Nemzeti Éghajlatváltozási Stratégia (NÉS-2) és a harmadik Vízgyűjtő-gazdálkodási Terv (VGT-3) kvalitatív és forgatókönyv-alapú leírásokkal szemlélteti a hosszú távú vízügyi trendeket, továbbá tartalmazza a víz iránti kereslet alakulásához kapcsolódó rövid távú társadalmi-gazdasági előrejelzéseket, a vízpolitikák és a vízügyi tervek jövőbeli változatai átfogóbb értékelést adhatnának a víz hosszú távú elérhetőségéről, a víz iránti keresletről és a vízzel kapcsolatos kockázatokról, hogy jobban megismerhessük a jelenlegi vízkivételi szintek hosszú távú fenntarthatóságát. Hozzá kell tenni azt is, hogy a vízzel kapcsolatos kockázatok hosszú távú alakulását érintő értékelések korlátozott jellege azt jelenti, hogy nem állnak rendelkezésre megfelelő ismeretek azokról a zavarokról, amelyeket az aszályok és az árvizek okozhatnak a gazdasági tevékenységekben.

Az éghajlatváltozás hatásaival szemben reziliens vízgazdálkodásra, valamint az aszályok és az árvizek kockázatának eredményes értékelésére vonatkozó hosszú távú elképzeléshez megbízható előrejelzésekre van szükség a jövőben elérhető vízkészletekre és a víz iránti keresletre vonatkozóan, mind országos, mind pedig szubnacionális szinten. Ezen túlmenően az adatokban és az információkban tapasztalható hiányosságok akadályozhatják a vízügyi és az éghajlatváltozáshoz való alkalmazkodással kapcsolatos tényeken alapuló jövőorientált döntéshozatalt. Konkrétabban:

- **A vízre és az éghajlatra vonatkozó adatok fragmentáltak, több forrásból származnak**, és több esetben nem integráltak, nem interoperábilisak és nem hozzáférhetők, ami potenciálisan akadályozhatja a szakpolitikai döntéshozatalban való eredményes felhasználásukat. A hidrológiai, meteorológiai és mezőgazdasági adatok különböző intézmények között szóródnak szét (OVF, Energiaügyi Minisztérium, Agrárminisztérium), ami azt jelenti hogy az adatkészletek közötti integráció és összehasonlíthatóság korlátozott. Külön kiemelendő, hogy két kulcsfontosságú irányítási rendszer – az Energiaügyi Minisztérium által működtetett *Országos Környezetvédelmi Információs Rendszer* (OKIR) és az OVF által működtetett *Vízgazdálkodási Információs Rendszer* (VIZIR) – még nem teljesen interoperábilis és integrált. A vízre vonatkozóan nem áll rendelkezésre egységes információs rendszer.
- Jóllehet az adatgyűjtés keretfeltételeiről jogszabályok rendelkeznek, a kulcsfontosságú mutatókra, például a vízfogyasztásra (a teljes kivett víz és a forráshoz visszajuttatott víz különbözetére) és a vízzel kapcsolatos katasztrófák gazdasági hatásaira vonatkozó adatok gyűjtésére nem kerül szisztematikusan sor, illetve azok nem állnak rendelkezésre. Ezeket a problémákat csak súlyosbítják az intézményi és szabályozási változások. Ezt szemlélteti a Nemzeti Földügyi Központ által gyűjtött öntözési adatok esete, amelyek gyűjtése a Központ felszámolásakor azért szakadt meg, mert a Központ feladatköreit nem egyértelműen osztották meg az Agrárminisztérium és az Energiaügyi Minisztérium között (State Audit Office, 2025[7]). A vízkivételre vonatkozó adatok az engedélyeken alapulnak, tehát – tekintettel a be nem jelentett és illegális kutakra – korlátozottnak tekintendők. A módszertani hiányosságok is hatással vannak a döntéshozatalhoz szükséges adatok minőségére és összehasonlíthatóságára. Például a víziközművek eszközeire nézve jelenleg nem teljeskörű az átfogó infrastruktúra-leltárak (vagyonleltár), a szerződések pedig változatosak, ami szintén korlátozza az adatok összehasonlíthatóságát a különböző gazdasági szereplők között, továbbá akadályozza az ágazatban a tényeken alapuló döntéshozatalt és tervezést (State Audit Office, 2024[13]).
- **Részletesebb adatokkal jobban támogatható lenne a helyi sajátosságokat figyelembe vevő szakpolitikai döntéshozatal**. Jóllehet Magyarország nemzeti és rész-vízgyűjtő szinten állít össze a vízmérlegekre vonatkozó adatokat, az alegységekből álló működési, illetve illetékességi területek szintjére vonatkozó adatok nem állnak rendelkezésre, holott a működési és engedélyezési döntéseket ez utóbbi szinten hozzák meg. Jóllehet egyes térbeli adatkészletek ingyenesen hozzáférhetők, ezek legtöbbje több szervezet között szóródik szét, a hozzáférési eljárások nem egyértelműek, az interoperabilitás korlátozott, a tranzakciós költségek pedig magasak (OECD, 2023[23]). Hiányoznak továbbá a lefolyás modellezése vagy a vízhiány figyelemmel kísérése szempontjából releváns ingyenesen hozzáférhető térinformatikai adatbázisok. A közelmúltbeli előrelépések ellenére Magyarországról azt állapították meg, hogy a környezeti térinformációs adatokról szóló 2007/2/EK (INSPIRE) irányelv végrehajtásának terén elért eredményei nem elégségesek (European Commission, 2022[8]).,Ezenkívül Magyarország 2023-ban az OECD digitális kormányzati index „alapértelmezés szerint nyílt" mutatója kapcsán az OECD-átlag alatt teljesített (0,076-ot ért el, szemben a 0,088-as OECD átlaggal), ami azt mutatja, hogy a nyílt és hozzáférhető környezeti adatok kapcsán szélesebb körű kihívásokkal kell számolni.

A vízügyi ágazaton kívüli ágazati tervek és szakpolitikák jelenleg még nem igazodnak szisztematikusan a víz rendelkezésre állásához, illetve a kockázatokhoz, ami következetlen célkitűzésekhez és intézkedésekhez vezet. Bár az ágazati minisztériumok tájékoztatást kapnak arra nézve, hogy a vízgyűjtő-gazdálkodási terv (VGT) szerinti, kvantitatív és kvalitatív szempontból megfelelő vízügyi állapot eléréséhez milyen intézkedésekre lenne szükség, nincs olyan követelmény, amely előírná azt, hogy ágazati szakpolitikáiban valamennyi minisztérium köteles figyelembe venni a víz elérhetőséget, a víz minőségét és az éghajlatváltozás által súlyosbított vízügyi kockázatokat. Míg az éghajlatváltozáshoz való alkalmazkodást és a környezetvédelmet elsősorban a Környezet- és Energetikai Hatékonysági Operatív Program (KEHOP Plusz) támogatja, más programok (például a gazdaságfejlesztést és az innovációt szolgáló programok) nem tekintik prioritásnak az éghajlatváltozást és a környezetvédelmi kérdéseket. Ez a fragmentált megközelítés aláássa a vízügyi kormányzás eredményességét, tekintettel arra hogy a különböző ágazati (például az energiaügyi, ipari, mezőgazdasági, erdészeti és földhasználati) szakpolitikák sok esetben nem számolnak azzal, hogy milyen hatással vannak a vízkészletekre vagy hogy mennyire vannak kitéve a vízzel kapcsolatos kockázatoknak. Számos kulcsfontosságú szakpolitika foglalkozik a vízzel és jelent kapcsolódási pontot a Nemzeti Vízstratégia és az VGT felé; ilyen például a Nemzeti Éghajlatváltozási Stratégia, a Nemzeti Tájstratégia és a Nemzeti Környezetvédelmi Program. A közelmúltbeli fejlemények ellenére – ilyen volt például Vízgazdálkodási Tárcaközi Bizottság 2024-es létrehozása a mezőgazdaság és a vízgazdálkodás közötti kapcsolatok erősítésének szolgálatában – a gazdasági ágazatokat (pl. a mezőgazdaságot és az ipart) és az egyéb területeket (pl. az erdőgazdálkodást) érintő szakpolitikákkal való összehangolás továbbra is korlátozott, aminek következtében prioritások versengenek egymással, a vízkészletekre nézve pedig szándékolatlan hatások következnek be. Például:

- Magyarországon az **energiaipar** a legnagyobb vízfelhasználó; elsősorban hűtési célokra használja a vizet. Jóllehet a 2030-ig tartó időszakra szóló Nemzeti Energiastratégia prioritásként tartja számon a nukleáris és a megújuló energiát (ezen belül főleg a napenergiát), nem szolgál bizonyítékkal arra nézve, hogy a változó hidrológiai körülmények (például az árvizek, az aszályok, vagy a folyók vízhőmérsékletének megemelkedése) milyen hatással lehet az energiatermelésre és a hűtési szükségletekre.
- Az **iparpolitika**, nevezetesen a 2016. évi Irinyi-terv komoly ipari növekedést tűz ki célul, amely a vízigényes ágazatok (például az élelmiszer-feldolgozás és a gépjárműgyártás) bővítésén alapulna. Bár az Irinyi-terv kiemeli az energia- és anyaghatékonyságot, mégsem veszi figyelembe a víz rendelkezésre állását. A 2022-ben bevezetett Nemzeti Akkumulátor Iparági Stratégia 2030 rögzíti: Magyarország arra törekszik, hogy a világ harmadik legnagyobb akkumulátorgyártójává váljon. Azonban a stratégia nem tesz említést a vízkészletekről, nem határoz meg célkitűzéseket vagy intézkedéseket a vízhasználatra vonatkozóan, továbbá nem vesz tudomást azokról a korlátokról, amelyeket a Magyarországon egyre fokozódó vízhiány jelent.
- A **mezőgazdaságban** a 2019 óta tapasztalható fokozódó vízhiányra reagálva az öntözést támogatják mint az éghajlatváltozás hatásaihoz való alkalmazkodást célzó stratégiát; ezt a célt jobbára a kínálati oldalon történő beavatkozások hivatottak szolgálni. A megközelítés azonban nem tartalmaz kiegészítő, a keresleti oldalon végrehajtandó intézkedéseket. Az öntözővíz után fizetendő díjak alóli mentességek éppen hogy ösztönzik az öntözés elterjedését (State Audit Office, 2025[7]). A hosszabb távú trendekből az tűnik ki, hogy az éghajlatváltozás hatásainak leginkább kitett hat szántóföldi növény termesztésére használt földterület aránya 1991 és 2020 között 67%-ról 77%-ra nőtt (Pinke et al., 2024[24]). Ez a változás azt jelzi, hogy a mezőgazdasági termelés egyre inkább a vízhiányra érzékenyebb növényekre koncentrálódik, miközben egyre gyakrabban jelentkeznek egyre súlyosabb aszályok, ami fokozza a mezőgazdaságnak az éghajlattal és a vízzel kapcsolatos kockázatoknak való kitettségét.
- Az **erdészeti** jogszabályok, nevezetesen a 2009. évi erdőtörvény előírja, hogy az újraerdősítési célkitűzések elérésének érdekében a kivágott faültetvények helyére újakat kell telepíteni. Ez az országosan egységes szabály nem veszi figyelembe a különböző helyszíneken adódó különbségeket, és azzal a kockázattal jár, hogy bizonyos területeken nem szándékolt következmények vagy maladaptáció következik be; ilyen terület például a szemi-arid Kiskunsági- vagy Nyírségi-homokhátság, ahol a mélyre hatoló gyökérzettel rendelkező fák (például a nyárfák) hozzájárulhatnak a talajvízkészletek kimerüléséhez.
- A jelenleg hatályos nemzeti és vármegyei szintű **területrendezési keretrendszerek** nem veszik megfelelő mértékben figyelembe a vízzel kapcsolatos kockázatokat. A jelenlegi Nemzeti Fejlesztési Koncepció nincs összehangolva a VGT-vel, és jóllehet a vízügyi térképeket (például a vízmegtartást mutató térképeket) jellemzően felhasználják a regionális fejlesztési tervek

kidolgozása során, szisztematikus integrációjukra nem kerül sor. Az árvíz kockázatának kitett térségek, az árvízvédelmi területek és a vízmegtartási funkciók szisztematikus kijelölésére nem kerül sor sem országos, sem vármegyei szinten (OECD, 2023[23]).

A környezeti hatásvizsgálatokban (KHV) tartósan megmutatkozó hiányosságok, valamint a mentességek alkalmazása miatt az ágazati gazdaságpolitikáknak a víz rendelkezésre állásához és a vízzel kapcsolatos kockázatokhoz való igazodása még inkább elégtelen. Bár a 259/2024 (VIII. 29.) kormányrendelet javított a magyarországi KHV-keretrendszeren, továbbra is hiányosságok tapasztalhatók az uniós KHV-irányelv kapcsán, amely előírja, hogy a nagy építési és fejlesztési projekteket előzetes környezeti vizsgálatnak kell alávetni. Megemlítendő különösen az, hogy Magyarországon a KHV-k alóli mentesség igen széles hatályú (azaz nem korlátozódik a kivételes esetekre), továbbá a szabályszegések esetére nem eléggé visszatartó erejű bírságokat állapít meg (European Commission, 2025[25]). Példa erre az, hogy a vízgazdálkodási tevékenységek mentesülnek az előzetes KHV-k lefolytatásának a követelménye alól, annak ellenére, hogy bizonyos gyakorlatok (mint például a mederkotrás vagy a növényzet eltávolítása) jelentős hatással lehetnek a biodiverzitásra és a felszíni vizek ökológiai állapotára. Az elmúlt években a vízbiztonsággal kapcsolatos aggodalmakat fokozta az igen vízigényes akkumulátoripar gyors magyarországi terjeszkedése. Az akkumulátorgyártó létesítmények sok esetben részesülnek támogatásban *egyedi kormánydöntések* (EKD) alapján, melyek azt teszik lehetővé, hogy a kormány egyszeri döntései nyomán jelentősebb beruházások vissza nem térítendő pénzügyi ösztönzőkben részesülhessenek. Ez a jogi keretrendszer azonban a döntéshozatali szakaszban nem írja elő KHV-k lefolytatását (State Audit Office, 2025[26]). A környezetvédelmi megfontolások (ideértve a vízzel kapcsolatos szempontokat is) később, az engedélyezési szakaszokban érvényesülnek, azután, hogy a kormányzati támogatási kötelezettségvállalás már megtörtént.

A szabályozás ad hoc változásai és a következetlen szubnacionális szintű koordináció is aláássa a gazdasági fejlesztési politikáknak a víz rendelkezésére állásával, illetve a kapcsolódó kockázatokkal történő összehangolását. A szóban forgó módosítások ideiglenesen talán enyhíthetik az éghajlatváltozás által a gazdasági tevékenységre gyakorolt kedvezőtlen hatásokat, ugyanakkor hosszú távú következményekkel járnak a környezet minőségére és a vízbiztonságra nézve. 2014 augusztusában, amikor a Duna vizének hőmérséklete rekordmagasságokat ért el, a 12/2024. EM rendelet lehetővé tette, hogy a paksi atomerőmű hűtése esetében meghatározott 30 °C-os hőmérsékleti küszöbértéket az energiaügyi miniszter általi jóváhagyás alapján eseti alapon ideiglenesen túllépjék. A szubnacionális szint kapcsán megjegyzendő, hogy bár jogszabályok írják elő, hogy a más ágazatokban (például az építőiparban) történő engedélykiadáshoz a vízzel kapcsolatos előzetes vizsgálatokat kell elvégezni és az engedélyezést az összes ágazatban össze kell hangolni, a települési, a vármegyei és az alegységekből álló működési, illetve illetékességi területek szintjén működő engedélyező hatóságok nem hangolják össze szisztematikusan a tevékenységüket. Ennek következtében azok a projektek, amelyek potenciálisan jelentős hatással lehetnek a vízkészletekre (ilyenek például a lakóingatlan-fejlesztések vagy az ipari bővítések) a víz aktuális elérhetősége és a jövőbeni hidrológiai kockázatok mérlegelése nélkül hajthatók végre, ami azt jelenti, hogy a következmények kezelésének felelőssége a korlátozott kapacitásokkal rendelkező helyi hatóságukra hárul. Ezt a problémát súlyosbítja, hogy szubnacionális szinten csak korlátozott intézményi megoldások állnak rendelkezésre a konfliktusok megelőzésére, illetve rendezésére.

Ajánlások

Javasoljuk egy olyan hosszú távú elgondolás kidolgozását, amely a magyarországi változó éghajlat kontextusában foglalkozik a vízreziliencia kérdésével. Formáját tekintve lehet stratégia vagy terv, amely egyértelmű irányt határoz meg és célokat a tűz ki a vízüggyel, illetve az éghajlatváltozás hatásaihoz való alkalmazkodással kapcsolatban. Ez a vízrezilienciáról szóló stratégia utóda vagy beágyazott része lehetne a Nemzeti Vízstratégiának, melynek jelenleg zajlik a felülvizsgálata azzal a céllal, hogy nagyobb hangsúly kerüljön a fenntartható vízkészlet-gazdálkodásra. Ennek a hosszú távú elképzelésnek arra kell törekednie, hogy a vízzel kapcsolatos terveket és operatív programokat egy átfogó, hosszú távú elképzelés, illetve a vízrezilienciához kapcsolódó célkitűzések alá vonja. Javasoljuk, hogy ez a stratégia vagy terv:

- tűzzön ki mérhető és átfogó célokat (pl. a vízfelhasználás meghatározott százalékkal történő csökkentése, vagy a talajnedvesség átlagos értékének megnövelése) a legfontosabb uniós jogszabályokkal és kezdeményezésekkel összhangban (pl. Víz Keretirányelv, ivóvíz-irányelv, a települési szennyvíz kezeléséről szóló irányelv, árvízvédelmi irányelv, vagy a jelenleg is zajló Duna-vízgyűjtő Vízmérleg projekt). Külön kiemelendő, hogy Magyarország stratégiája célként tűzhetné ki azt, hogy a vízrezilienciáról szóló 2025. évi uniós stratégiával összhangban 2030-ig 10%-kal javítja a víztakarékosságot;
- hosszú távú (például 20 vagy 25 éves) előrejelzésekre alapuljon a hidrológiai és a meteorológiai viszonyok, a víz rendelkezésre állása, valamint az országos szintű, az alegységekből álló működési, illetve illetékességi területek szintjén megmutatkozó és az részvízgyűjtő-szintű kereslet vonatkozásában. Javasolt, hogy ezek az előrejelzések azonosítsák azokat a tevékenységeket, amelyek a különböző éghajlat-változási forgatókönyvek, a változó mértékű népességnövekedés és háztartási kereslet, valamint az energiaágazati és ipari vízigény bizonytalanságai kontextusában ki vannak téve az árvíz és az aszály kockázatának. A kaliforniai vízügyi terv inspiráló példaként szolgálhat (3.4. keretes szöveg). Javasoljuk, hogy az előrejelzések határozzanak meg küszöbértékeket (például a folyók esetében azt a vízszintet, amely a kritikus infrastruktúrákat érintő árvízveszélyt jelent; azt a talajvízszintet, amely az ivóvízellátást veszélyezteti; vagy a talajnedvesség hiányának azt a mértékét, amely a haszonnövények életképességét veszélyezteti). Ha a vízkészletekkel kapcsolatban nagyobb léptékű megközelítést alkalmaznak, az lehetővé teszi a nagyszabású infrastrukturális beruházások és szabályozási reformok megfelelő tervezését és finanszírozását. A rendszeres frissítések támogatása szempontjából elengedhetetlen az országos szintű adatgyűjtési, modellezési és kockázatértékelési kapacitások létrehozása és fenntartása.

3.4. keretes szöveg: A kaliforniai vízügyi terv

A kaliforniai vízügyi terv (California Water Plan, CWP) Kalifornia állam hosszú távú stratégiai keretrendszere, amely a vízkészletek fenntartható kezelését és fejlesztését szabályozza a jelenlegi és jövőbeni szükségletek kielégítésének szolgálatában. A terv (amelyet az állami vízügyi törvény alapján dolgoztak ki) a kínálat és a kereslet közötti eltérések azonosítása céljából értékeli a víztől függő természetes erőforrások, a vízkészlet, valamint a mezőgazdasági, városi és környezeti szükségletek állapotát, illetve az azokban megmutatkozó trendeket, mégpedig több valószínűsíthető jövőbeni forgatókönyv mentén. Kalifornia változó vízigényének kezelése érdekében értékeli a keresletszabályozási stratégiákat és a kínálatbővítés lehetőségeit, illetve ajánlásokat fogalmaz meg azokra nézve.

A terv analitikai alapjául a Stockholm Environment Institute által kidolgozott vízértékelési és -tervezési modell (Water Evaluation and Planning Model) szolgál. A modell – amelyet a kaliforniai viszonyokhoz igazítottak – az állam tíz hidrológiai régiója közül hatra vonatkozóan szimulál integrált vízgazdálkodási forgatókönyveket. A modellt integrált forgatókönyv-elemzéshez használják, melynek során a vízigényben és az éghajlatváltozásban megmutatkozó jövőbeni trendek bizonytalanságára tekintettel értékelik a különböző vízgazdálkodási stratégiákat. Az elemzés (i) számszerűsíti a kaliforniai vízügyi terv újabb verzióján dolgozó szakemberek és tanácsadó bizottság által kidolgozott forgatókönyvek kisebb csoportját, valamint (ii) az elképzelhető forgatókönyvekből nagyobb csomagot hoz létre, melynek segítségével értékelhető, hogy a különböző vízgazdálkodási reagálási tervek milyen teljesítményt tudnak felmutatni a bizonytalanságok közepette (ideértve az éghajlatváltozást is).

Az ötévente frissített terv biztosítja, hogy az államban mindenhol tudnak alkalmazkodni a változó körülményekhez. A 2023. évi aktualizálás célja az volt, hogy reagáljon az éghajlatváltozás jelentette sürgető veszélyre; ehhez a vízgyűjtő területeken, a vízi infrastruktúrákban és a helyi közösségekben szükséges, a reziliens és méltányos jövőt szolgáló innovációkra és beruházásokra fókuszált. A kaliforniai vízügyi terv – amellett, hogy műszaki iránymutatást nyújt – szakpolitikai platformként is működik, amely elősegíti a választott tisztviselők, az állami ügynökségek, a kaliforniai őslakos amerikai törzsek, az erőforrás-gazdálkodással foglalkozó szakemberek, az üzleti élet és a tudományos világ szereplői, az érdekelt felek és a nyilvánosság közötti együttműködést a vízpolitika irányvonalainak és beruházási prioritásainak kialakításához.

Forrás: (OECD, 2019[27]), (Stockholm Environment Institute, n.d.[28])

- határozzon meg egy olyan intézkedési programot, amely átfogó célok elérését szolgálja. Az intézkedésekhez kapcsolódjon egyértelmű ütemezés, legyenek kijelölve a felelős hatóságok és érdekelt felek, valamint kerüljenek meghatározásra a költségvetési előirányzatok és a finanszírozási források (pl. operatív programok, kohéziós alapok, KAP-alapok, EBB-finanszírozás). Javasoljuk, hogy az intézkedési program vegye figyelembe a meglévő terveket és kezdeményezéseket (pl. VGT, Árvízkockázat-kezelési Tervek, „Vizet a tájba!”program);
- vonja be az érintett szubnacionális hatóságokat és érdekelt feleket az elfogadható kockázati szintek meghatározásába és az intézkedési program kidolgozásába, biztosítandó a konszenzust és támogatást. Javasolt, hogy a folyamat foglalja magában konkrét szabványoknak és célkitűzéseknek a megvitatását és meghatározását (pl. a települések és a kritikus infrastruktúra árvízvédelmének szintje; a mezőgazdasági földterületek vízmegtartásra való felhasználásának mértéke; az aszályok idején alkalmazott vízkorlátozások gyakorisága és szigorúsága; a szennyvíztisztítás vízminőséget érintő célkitűzései; a túlfolyási incidensek elfogadható szintje) a vonatkozó uniós irányelveknek megfelelően;
- alakítson ki stabil monitoring-keretrendszert a stratégia végrehajtásának nyomon követése, az elszámoltathatóság biztosítása és az alkalmazkodásra tartósan képes irányítás lehetővé tétele érdekében. A vízügyi tervezés adaptív forgatókönyv-alapú elvekkel dolgozzon, így reziliens, skálázható megoldásokat tud majd kínálni a jelenlegi és jövőbeni kihívásokra;
- a stratégia intézkedési programjának végrehajtása és céljainak elérése érdekében gondoskodjon a megfelelő jogszabályi rendelkezésekről és szabályozási követelményekről az érintett minisztériumokkal együttműködve, biztosítandó a koherenciát az ágazati (pl. mezőgazdasági, földhasználati és ipari) jogszabályokkal. Ezzel kulcsfontosságú eleme lehetne a kidolgozás alatt álló új vízgazdálkodási törvényre vonatkozó jogalkotási javaslatnak. Magyarország számára Hollandia környezetvédelmi és területrendezési törvénye is inspiráló példaként szolgálhat (3.5). A folyamat felölelhetné a határokon átnyúló vízügyi megállapodásoknak a szomszédos országokkal együttműködésben, az éghajlatváltozásra tekintettel és a jövőbeni vízhiány kiváltotta aggályokra való jobb reakció érdekében történő felülvizsgálatát és aktualizálását is.

3.5. keretes szöveg: A szakpolitikai silómentalitás kezelése jogalkotási eszközökkel Hollandiában

Hollandiában 2024 januárjában hatályba lépett a környezetvédelmi és területrendezési törvény, amely egységes és integrált jogi keretrendszert teremt a környezetvédelmi és területrendezési kormányzás számára. Az új törvény több hatályos törvényt vált fel (ilyen például a területrendezési törvény, a válságokról és helyreállításról szóló törvény, valamint a talajvédelmi törvény), és ezzel harmonizálja és egyszerűsíti a vízgazdálkodással, a földhasználat-tervezéssel, a környezetvédelemmel, a természetvédelemmel, az építőiparral, a nagyszabású infrastrukturális projektekkel, a kulturális örökséggel és az erőforrás-kitermeléssel kapcsolatos szabályozásokat.

A reform eredményeként észszerűbbek lesznek az adminisztratív eljárások, hiszen az engedélyt kérelmezők immár egyablakos digitális portálon nyújthatnak be egyetlen kérelmet, melyről aztán egyetlen integrált határozat születik (melynek feldolgozási ideje a legtöbb esetben 26 hétről 8 hétre rövidült). A jogfolytonosságot az biztosítja, hogy a törvény hatálybalépését megelőzően kiadott meglévő engedélyek továbbra is érvényesek maradnak. A platform használatával a kérelmezők ellenőrizhetik az adott helyszínre vonatkozó követelményeket, eldönthetik, hogy szükségük van-e környezetvédelmi és területrendezési engedélyre (vagy egyszerűen csak értesíteniük kell a hatóságokat), és benyújthatják kérelmeiket vagy jelentéseiket.

Forrás: (KVK and RVO, 2025[29])

A stratégiának támogatnia kell azt, hogy a vízbiztonsági megfontolásokat beemeljék az ágazati szakpolitikákba, többek között a mezőgazdaság, az ipar, az energia és a földhasználat terén. Ez a következőket jelenti:

- A vízügyért felelős minisztérium (jelenleg az Energiaügyi Minisztérium) vezetésével ágazatközi együttműködés az érintett minisztériumokkal; a vízkészletet érintő szakpolitikák feltérképezése a szinergiák, a kompromisszumok és a potenciális konfliktusok azonosítása céljából, szükség esetén a célkitűzések és intézkedések kiigazításának irányításával.
- A víz, az energia, az élelmiszer, az éghajlat és a biológiai sokféleség összefüggéseiben olyan megoldások keresése, amelyek mindenki számára előnyösek, annak érdekében, hogy a hangsúly a válságkezelésről átkerüljön a kockázatok és a lehetőség kezelésére. Például a megújuló energiaforrások (pl. nap- és szélenergia) ösztönzésével csökkenthető lenne az energiatermelés vízfüggősége, fokozható lenne aszály idején az energiaellátás biztonsága, miközben a dekarbonizációs célok támogatása is megvalósulna. Ugyanígy a mezőgazdasági talajok esetében a vízmegtartásnak a talajminőség javítása útján történő növelése egyúttal a talaj nedvességtartalmát, a talajvíz-utánpótlást, a terméshozamot és az aszályokkal szembeni rezilienciát is növelné. A vízrezilienciáról szóló stratégia az öntözési stratégiát egészíthetné ki keresletoldali intézkedésekkel és a víztakarékosabb mezőgazdasági gyakorlatok (pl. a kevesebb vizet igénylő és az aszályt jobban tűrő növényekre való áttérés) előmozdításával.
- Az egyedi kormánydöntések kapcsán rendelettel lehetne kötelezővé tenni a KHV-k lefolytatását a döntéshozatali szakaszban, amivel növelhető lenne a vízbiztonság, és a szélesebb körű környezeti előnyök lennének elérhetők.
- Gondoskodás arról, hogy a vízügyi stratégiát figyelembe veszik más ágazati tervek is, különösen a következők: a Nemzeti Éghajlatváltozási Stratégiát támogató 2021–2023-as és 2024–2026-os klímavédelmi akcióterv (késedelmes) felülvizsgált verziója, a 4. Vízgyűjtő-gazdálkodási Terv, a 2. Árvízkockázat-kezelési Terv és az Országos Fejlesztési és Területfejlesztési Koncepció. Különösen ez utóbbi alkalmas arra, hogy figyelembe vegye a vízkészleteket, mivel a területrendezési tervek Magyarországon a földhasználat-változás előfeltételei (pl. az új mezőgazdasági, ipari és lakóingatlan-fejlesztések esetében). A vízpolitika terén a stratégia lehetőséget nyújthatna arra is, hogy átgondolják a vízmennyiség- és a vízminőség-kezelés közötti kompromisszumokat. Például a folyópartok tisztítása és a vízi utak mederkotrása elvégezhető árvízvédelmi célokból és az aszály hatásainak enyhítése céljából, de kedvezőtlen hatással lehet az édesvízi biológiai sokféleségre és a vízminőségre, továbbá veszélyeztetheti a víztestek megfelelő ökológiai állapotát.
- Magyarország elismert vezető szerepet játszik a vízügyi diplomáciában és a többoldalú együttműködésekben; többek között magas szintű rendezvényeknek ad otthont és nemzetközi

fórumokon vesz részt a vízügyi szakértelem megosztásában – erre támaszkodva megerősíthető lenne az a vezető szerep, amelyet az ország a fenntartható vízgazdálkodás és az éghajlatváltozás hatásaihoz való alkalmazkodás terén játszik. A stratégia platformként is szolgálhatna, ahol Magyarország egyidejűleg mutathatná be az árvizek és az aszályok kezelése során alkalmazott integrált megközelítést. Ezzel az éghajlatváltozás hatásaival szemben reziliens vízgazdálkodás referenciapontjaként pozícionálhatná magát, és segítséget nyújthatna a hasonló hidrológiai szélsőségekkel küzdő országok számára a tervezésben.

Végül javasoljuk a vízzel kapcsolatos adatok minőségének, lefedettségének, harmonizációjának és részletességének javítását a tényeken alapuló döntéshozatal szolgálatában. Ez a következőket foglalná magában:

- A meglévő mutatók feltérképezése az adathiányok feltárása, illetve a vízügyi tervezés és döntéshozatal kiemelt mutatóinak meghatározása érdekében, olyan mechanizmusok létrehozása céljából, melyek olyan új adatok gyűjtését, tárolását és terjesztését szolgálják, amelyek eléggé részletesek ahhoz, hogy segítsék a kormányzat alacsonyabb szintjein zajló döntéshozatalt. Ezeknek a hiányosságoknak a kezelése adott esetben szükségessé teheti az intézményi mandátumok egyértelműsítését (pl. az öntözés terén), a szabályozásban előírt küszöbértékek aktualizálását (pl. a vízkivételi jelentések kapcsán), valamint a módszertanok szabványosítását (pl. a víziközművek eszközeinek értékelése kapcsán) a döntéshozatal javítása érdekében.
- A digitális eszközök nyújtotta lehetőségek kihasználása a szabályozás érvényre juttatásának és az adatgyűjtésnek a javítása érdekében. Például a távellenőrzés és a távoli mérés pontos, lokalizált vízkivételi adatokkal szolgálhat, a műholdas felvételek pedig (az általuk biztosított kiváló térbeli lefedettségnek köszönhetően) támogathatják a távoli vagy megközelíthetetlen területek ellenőrzését.
- A meglévő (pl. hidrológiai, meteorológiai, gazdasági stb.) adatkészletek integrálása az adatok hozzáférhetőségének, összehasonlíthatóságának és interoparabilitásának javítása érdekében, az éghajlatváltozás hatásaihoz alkalmazkodó döntéshozatal szolgálatában, a döntéshozatal szintjétől függetlenül. Ez magában foglalhatja egy nemzeti vízügyiadat-platform kifejlesztését, amely interoperábilis, alapértelmezés szerint nyitott, és igazodik mind a nemzeti, mind pedig a szubnacionális szereplők igényeihez. A nemzeti adatokat javasolt összehangolni és interoperábilissá tenni a nemzetközi vízgyűjtőszintű információs rendszerekkel (különösen a meglévő ICPDR-rendszerekkel), így az adatgyűjtés előnyei teljes mértékben kiaknázhatók. Magyarország építhet arra, hogy az ennek a célnak az elérése érdekében tett nemzetközi erőfeszítések előmozdításában aktív és fontos szerepet játszik.

A többszintű kormányzás megerősítése a helyszínekre szabott megközelítés érdekében

Hiányosságok

A 2010-es években végrehajtott közigazgatási reformok jelentős mértékben szűkítették a szubnacionális hatóságok hatáskörét, ami azt jelenti, hogy a magyar vízpolitika egyre centralizáltabbá vált. A vízszolgáltatás és a víztakarékosság javítása érdekében Magyarország a víziközmű-vállalatai és szennyvízkezelő vállalatai számát 2011 és 2015 között 400-ról 40-re csökkentette, a szolgáltatásnyújtást az állami tulajdonú Nemzeti Vízművekben vonta össze, majd 2024-ben országosan egységes nem lakossági díjszabást vezetett be. Ezek a reformok elősegítik ugyan a méretgazdaságosságot, de ugyanakkor meggyengítik a szubszidiaritás elvének érvényesülését az ivóvízellátási ágazatban.

A szubnacionális szervezetek esetében az eredményes működési kapacitás korlátozott. A VIZIG-ek (amelyek központi szerepet játszanak a vízpolitika helyi szintű végrehajtásában) a kapacitásukat tekintve jelentős kihívásokkal szembesülnek; ilyen többek között a munkaerőhiány, az idősödő munkaerő-állomány – az állami vízgazdálkodásban a munkavállalók 65%-a 50 éves vagy idősebb[6] – és az újonnan felvett kollégák alacsony aránya. Ez utóbbi a korlátozott középfokú oktatási lehetőségeknek és a limitált pénzügyi forrásoknak tudható be, valamint annak, hogy a többi nemzeti ügynökséghez és a magánszektorhoz képest viszonylag alacsonyak a bérek. Az állami vízgazdálkodási ágazatban azonban a béreket 2025 januárjában átlagosan 30%-kal megemelték, és a tervek szerint 2026-ban következik egy újabb 12%-os, majd 2027-ben további 10%-os emelés, ami két éven belül összesen 60%-os béremelést jelent. A vízügyi hatóságok (amelyek a VIZIG-ekkel közösen felelnek az alegységekből álló működési, illetve illetékességi területek szintjén a víz elosztásáért és az engedélyezésért) humánkapacitása és műszaki kapacitása igen korlátozott, ami esetenként veszélyezteti a vízelosztási és az engedélyezési folyamatok akkurátus végrehajtását. Hozzá kell tenni azt is, hogy míg a VIZIG-ek központi finanszírozásban részesülnek az árvíz- és a belvízkezeléshez kapcsolódóan felmerülő többlet munkaerő- és működési költségek fedezése céljából, nincs olyan ekvivalens mechanizmus, amely a vízmegtartást támogató tevékenységeket segítené. A közelmúltbeli fejlemények hatására az állami intézkedések hangsúlya a vízelvezetés irányban tolódott el: a vízvédelmet és a vízhiány-kezelést felvették állam vízügyi feladatai közé, továbbá kormányhatározat[7] rendelkezett arról, hogy az aszálynak kitett Homokhátságon vízgazdálkodási intézkedési projektekkel kell elérni a vízpótlást és a vízkészletek biztosítását. A jövőben további erőfeszítésekre lesz szükség ahhoz, hogy – a VIZIG-ek új megbízatásának részeként – bővüljenek a vízelvezetési kapacitások.

A szubnacionális Vízgazdálkodási Tanácsok – melyeket az érdekelt felek bevonása és a területi vízgazdálkodás felügyelete céljából hoztak létre – ezidáig főként tanácsadói feladatot láttak el, mégpedig bizonyos hiányosságokkal. Konkrétabban:

- A részvízgyűjtő-szintű és az alegységekből álló működési, illetve illetékességi területek szintjén működő Vízgazdálkodási Tanácsok korlátozottan tudják csak befolyásolni a végső döntéseket: a gyakorlat azt mutatja, hogy VGT-ket (adott esetben korlátozott vizsgálat után) jóváhagyják. A VIZIG-ek számára nem kötelező, hogy figyelembe vegyék a Tanácsok döntésekkel és tervekkel kapcsolatos észrevételeit, vagy hogy reagáljanak azokra, ami azt jelenti, hogy a Tanácsok szerepe csupán tanácsadói.
- A VIZIG-ek és a Vízgazdálkodási Tanácsok közötti koordináció sok esetben a félévente esedékes ülésekre korlátozódik, melyek témáit javarészt a VIZIG-ek határozzák meg, ami sokkal inkább enged következtetni egy felülről lefelé irányuló megközelítésre, semmint tényleges együttműködésre.
- A szubnacionális Vízgazdálkodási Tanácsok működésével kapcsolatos információk (pl. az ülésekről készült jegyzőkönyvek) nem elérhetők az egyes tanácsok weboldalain; nem került sor a szubnacionális Vízgazdálkodási Tanácsok eredményességének átfogó értékelésére sem.
- Az érdekelt felek érdemi bevonását korlátozzák a képviseletben megmutatkozó hiányosságok, valamint a részvétel egyenetlensége. Az üléseken való részvétel terén egyensúlytalanságok mutatkoznak, mivel a köztisztviselők munkaidőben vesznek részt az üléseken (azaz fizetést kapnak érte), ezzel szemben a nem kormányzati érdekelt felek sok esetben nem rendelkeznek a részvételhez szükséges idővel és pénzügyi forrásokkal. A főbb érdekelt felek – például az önkormányzatok, a lakossági vízfelhasználók, a kiszolgáltatott közösségek (pl. a romák) és a mezőgazdasági kistermelők – alulreprezentáltak, ami aláássa a Tanácsok inkluzivitását és a nyilvánosság által észlelt legitimitását. A Területi Vízgazdálkodási Tanácsok állandó tagjainak száma 25-re van korlátozva. Tekintettel arra, hogy Magyarországon a településekre nagyfokú fragmentáció jellemző[8], és a településeknek korlátozott az a kapacitása, amely az üléseken való érdemi részvételhez lenne szükséges, az állandó tagság jellemzően a megyei önkormányzatokra és az aktív, kiemelt fontosságú vagy nagyobb településekre (pl. megyeszékhelyekre) korlátozódik.

Más települések állandó meghívottként vehetnek részt az üléseken, vagy konzultatív minőségben lehetnek jelen, különösen akkor, ha az ülés napirendjén olyan témák szerepelnek, mint például az árvízvédelmi tervek, a települési beruházások megvalósíthatósági tanulmányai vagy a szennyvízhez kapcsolódó agglomerációs kérdések. A gyakorlat azonban azt mutatja, hogy a legtöbb önkormányzat alig-alig vesz részt ezekben a tevékenységekben, ami felhívja a figyelmet azokra a kihívásokra, amelyek a döntéshozatalnak az adminisztratív és hidrográfiai határokhoz való hozzáigazítása kapcsán adódnak.

Budapesten kívül **a települési önkormányzatok az éghajlatváltozás hatásaihoz való eredményes alkalmazkodás és a vízbiztonság terén jelentős kapacitási, pénzügyi és adatszolgáltatási korlátokkal kénytelenek szembesülni.** Ezek a korlátok részben a fiskális kapacitásban megmutatkozó egyenlőtlenségekből erednek, hiszen a kisebb települési önkormányzatok sok esetben nem rendelkeznek elegendő finanszírozással és kapacitással ahhoz, hogy a vízmegtartást célzó projekteket indítsanak és tartsanak fenn. Bár a kormány kapacitásépítési elemeket is magában foglaló célzott projektekkel támogat egyes önkormányzatokat, nincs érvényben olyan szisztematikus nemzeti stratégia, amely az éghajlatváltozás hatásaihoz alkalmazkodó vízgazdálkodás terén erősítené meg az önkormányzati kapacitásokat. Az Integrált Települési Vízgazdálkodási Tervek támogathatják az önkormányzatokat a vízgazdálkodásnak a szélesebb körű környezeti, társadalmi és gazdasági célkitűzésekkel történő összehangolásában. Azonban az a követelmény, amely előírja, hogy a finanszírozási kérelmek részeként be kell nyújtani ilyen terveket, gyakran azt eredményezi, hogy a tervek igen rövid idő alatt, korlátozott műszaki kapacitások mellett készülnek el, ami rontja minőségüket és stratégiai értéküket. Jóllehet a vízmegtartás minden szinten, minden stratégiai dokumentumban megjelölt célkitűzés, és vannak önkormányzatok, amelyek ezen a téren élen járnak, az önkormányzati projektek sok esetben a szürkevíz- és a szennyvíz-elvezetést tekintik prioritásnak, így a szürke infrastruktúra az alapértelmezett megoldás (OECD, 2023[23]). Ez a helyzet a régóta alkalmazott vízgazdálkodási megközelítéseket tükrözi, és részben az uniós és a nemzeti operatív programokra támaszkodó finanszírozási modellre vezethető vissza, melyek az önkormányzatok infrastrukturális beruházásait támogató legnagyobb finanszírozási forrást alkotják. Ez a modell a nagyszabású, tőkeigényes infrastruktúrákat részesíti előnyben a kisebb beruházásokkal (pl. a természetalapú megoldásokkal) szemben, amelyek viszonylag alacsony tőkeköltségekkel járnak, de üzemeltetésük és karbantartásuk már erőforrásigényesebb.

Ajánlások

A régiók és az almedencék a víz rendelkezésre állása és az éghajlati kockázatok tekintetében nagy mértékben eltérnek egymástól, ami indokolja a magyarországi vízkészlet-gazdálkodás helyszín alapján történő megközelítését. Ez a megközelítés azt jelenti, hogy a szakpolitikákat és intézkedéseket a helyi sajátosságokhoz, aggodalomra okot adó tényezőkhöz és prioritásokhoz igazítják, többek között eredményes, többszintű kormányzással.

Javasolt a VIZIG-ek kapacitásának megerősítése célzott pénzügyi és technikai támogatás útján, a nemzeti vízügyi célok helyszín alapján történő megvalósítása érdekében. Az alábbi intézkedések mérlegelhetők:

- A 12 VIZIG és az érintett vízügyi hatóságok humán- és műszaki kapacitásainak országos szintű értékelésével az összes alegységekből álló működési, illetve illetékességi terület támogatása érdekében könnyebben azonosíthatók a legfőbb kihívások, az erőforráshiányok és a főbb szükségletek. Az értékelés felhasználható egy strukturált személyzetfejlesztési program, valamint az érintett almedencéknek szánt célzott támogatási csomagok kidolgozásához, amelyek a helyi vízügyi kihívások összetettségének megfelelő személyzet, műszaki szakértelem és adatok biztosítását célozzák.

- A pénzügyi támogatás feltételévé lehetne tenni a bizonyos előre meghatározott célkitűzések felé való haladást, ami azt jelentené, hogy az előre meghatározott célok elérését pénzügyileg jutalmazzák. Erre a megközelítésre példa a brazil nemzeti vízügyi megállapodás (3.6).
- A VIZIG-ek működését szabályozó ösztönző keretrendszer reformjával biztosítható lenne, hogy a vízelvezetés mellett a vízmegtartásért is megfelelő jutalom járjon. Az alacsony kockázatú körülmények között végzett vízmegtartási műveletekre vonatkozóan kompenzációs rendszereket lehetne kidolgozni. Ezenkívül a csatornák és vízelvezető csatornák felülvizsgált működési szabályai teljes mértékben el tudnák érni a vízelvezetés és a vízmegtartás közötti új egyensúlyt, amelyet a vízgazdálkodási törvény 2025. évi módosítása is prioritásnak tekint.
- A hidrográfiai szintet (vagyis az alegységekből álló működési, illetve illetékességi területek szintjét) és a közigazgatási (pl. önkormányzati, megyei) szinteket összekötő koordinációs mechanizmussal lehetne segíteni a vízgazdálkodási intézkedések koherens végrehajtását valamennyi térségben. Franciaországban például úgynevezett „folyó-megállapodásokat" kötnek az önkormányzatok, a folyómedencék menti szervezetek és a hatóságok; ezek célja a tervezés, valamint vízhasználatnak és a víz funkcióinak helyreállítása a partnerek közötti párbeszéd útján (OECD, 2015[30]).

3.6. kerete szöveg: Brazília nemzeti vízgazdálkodási megállapodása

A 2011-ben bevezetett nemzeti vízgazdálkodási megállapodás – amelynek végrehajtására *Progestão* program keretében kerül sor – önkéntes alapú, többszintű kormányzási megállapodás, amely egy integrált, decentralizált és részvételi alapú vízgazdálkodási modell megvalósítását támogatja. Felismerve, hogy a vízgazdálkodás javításához a szövetségi és az állami szintű vízgazdálkodási rendszerek megfelelőbb integrációjára van szükség, a megállapodást úgy dolgozták ki, hogy állami szinten fejlessze a kapacitásokat és támogassa meg a vízkészlet-gazdálkodást. A megállapodás célja az államok közötti konvergencia ösztönzése, valamint a rugalmasság és az alkalmazkodóképesség fokozása, annak érdekében, hogy kezelni lehessen a különböző helyzeteket és az államok kapacitási szintjei közötti különbségeket. Általános céljai a következők:

- a szövetségi szinten működő szervezeti egységek közötti kötelezettségvállalások kidolgozása a közös kihívásoknak, illetve a harmonizáció hiányának a leküzdésére;
- a vízkészletek többszörös, fenntartható használatának ösztönzése, különösen a közös vízgyűjtő területeken;
- a vízkészlet-gazdálkodás és a szabályozási folyamatok eredményes összekapcsolásának előmozdítása nemzeti és állami szinten;
- annak lehetővé tétele, hogy az államok egyre nagyobb kapacitással és tudatossággal járjanak el a vízzel kapcsolatos kockázatok kezelésében.

A megállapodás alapján a Brazil Nemzeti Vízügyi és Szennyvízelvezetési Ügynökség (ANA) kapacitásépítést végez állami és települési szinten: ehhez cél- és eredményalapú finanszírozást biztosít legfeljebb 100 millió BRL (körülbelül 40 millió USD) összegben, amely egy ötéves időszakban áll azon államok rendelkezésre, amelyek sikeresen elérik céljaikat. A finanszírozás arányos; a finanszírozásra való jogosultság annak függvénye, hogy az államok sikeresen felelnek-e meg az általuk vállalt kötelezettségeknek. A Progestão az ANA más programjaihoz kapcsolódik; ilyen például az Interáguas program, amely a tervezés és a kormányzás megerősítését segíti. Az ANA emellett műszaki támogatást, eszközöket és erőforrásokat is biztosít az államok hiányosságainak és igényeinek feltérképezéséhez.

Forrás: (OECD, 2015[30]), (OECD, 2021[31])

Javasolt a települési önkormányzatok támogatására szolgáló célzott és feltételekhez kötött pénzügyi támogatás, kapacitásépítés és tudásmegosztás. A központi kormányzati forrásokat az árvizeknek és az aszályoknak való kitettséget mutató objektív kritériumok, valamint a helyi pénzügyi és kapacitás iránti igények értékelése alapján kell elosztani, biztosítandó, hogy a támogatás a leginkább rászoruló településekhez jusson el. A maximalizált összegű, kis léptékű finanszírozási programok elősegíthetik az alacsony költségű, ám nagy hatású beavatkozásokat, például a természetalapú megoldásokat és a nem strukturális jellegű intézkedéseket (például a szemléletformáló kampányokat). Példa erre a LIFE LOGOS 4 WATERS települési önkormányzati támogatási program, amely több önkormányzat részére nyújtott legfeljebb 6 000 EUR összegű támogatást az éghajlatváltozáshoz való alkalmazkodást szolgáló helyi kezdeményezésekhez. További példa (és máshol is alkalmazható modell) a siófoki esővízgyűjtő program, amelynek keretében az érdeklődő lakosok kedvezményes áron kapnak esővízgyűjtő konténereket, illetve további kedvezményben részesülnek akkor, ha fotókat osztanak meg kertjükről, bemutatva a tárolók tervezett használatát. A vízzel kapcsolatos kockázatoknak leginkább kitett települési önkormányzatok támogatást kaphatnának az Integrált Települési Vízgazdálkodási Terv kidolgozásához, amely a helyi vízügyi döntéshozáshoz szolgálna iránymutatásként. A települési önkormányzati innováció és a bevált gyakorlatok elterjedésének további segítése érdekében a Közigazgatási és Területfejlesztési Minisztérium ösztönözhetné az önkormányzatokat arra, hogy megosszák egymással az árvíz- és aszálykockázat enyhítését célzó vízelvezetés és a vízmegtartás terén gyűjtött tapasztalataikat. Ez a következőket foglalhatja magában: a települési vízgazdálkodáshoz kapcsolódó időszakos fórumok vagy workshopok, ahol a résztvevők esettanulmányokat és bevált gyakorlatokat ismerhetnek meg; ingyenes hozzáférés a műszaki útmutatásokhoz és képzésekhez egy kifejezetten erre a célra létrehozott platformon; interaktív online platform, ahol a települési önkormányzatok folyamatosan kommunikálhatnak egymással és tanulhatnak egymástól (pl. a Facebookon, amelyet Magyarországon széles körben használnak a szakpolitikai kérdéseket érintő kommunikáció céljára). A részvétel ösztönözhető, illetve az élen járó önkormányzatok bemutathatók egy országos elismerési programmal, amelynek keretében évente átadnak egy díjat, amelyhez finanszírozás is társul.

Javasolt, hogy a szubnacionális Vízgazdálkodási Tanácsok egyértelműbb feladatkörök mentén működjenek és nagyobb erőforrásokat kapjanak, hogy eredményes fórumként működhessenek az érdekelt felek bevonása, valamint a vízpolitikának az alegységekből álló működési, illetve illetékességi területek szintjén zajló felügyelete érdekében. Javasoljuk, hogy Magyarország mérlegelje olyan mechanizmusok alkalmazását, amellyel az érdekelt felek inkluzívan, érdemi módon bevonhatók a vízgyűjtő-gazdálkodásba, és ehhez merítsen a Hollandiában és Spanyolországban felhalmozott tapasztalatokból, mely országokban régóta működnek olyan intézmények, amelyek hidrológiai szinten szolgálják a vízgazdálkodást és a nyilvános részvételt (3.7). Annak érdekében, hogy a vízgyűjtő-tervezés és -gazdálkodás inkluzívabb legyen, javasolt, hogy a tanács tagságát jogszabályi úton bővítsék, hogy képviseltessék benne magukat a jelenleg alulreprezentált csoportok is, például a lakossági vízfelhasználók, a kisebbségek (pl. a roma közösségek), a mezőgazdasági kistermelők és a kisebb települések. Biztosítandó, hogy a szubnacionális tanácsok valamennyi tagja érdemben hozzá tudjon járulni a munkához, különös figyelmet kell fordítani arra, hogy a nem kormányzati tagok rendelkezzenek az eredményes részvételhez szükséges releváns információkkal. Ennek egy lehetséges módja az lenne, ha a tagok részére benyújtott terveket és javaslatokat adott esetben előzetes hatásvizsgálatok és finanszírozási tervek kísérnék. A jobb információcsere és átláthatóság, valamint a tanácsi vélemények és javaslatok szisztematikus nyomon követése erősítené a tanácsok legitimitását, és elősegítené az alegységekből álló működési, illetve illetékességi területek szintjén zajló vízügyi tervezés és végrehajtás kapcsán a fokozottabb elszámoltathatóságot. Javasolt, hogy miután megerősödnek a szubnacionális Vízgazdálkodási Tanácsok intézményi kapacitásai, a tanácsok megbízatásába a felügyeleti funkció is bekerüljön. E feladatuk ellátása közben a Tanácsok figyelemmel kísérhetnék például azt, hogy a különböző ágazatokban (pl. mezőgazdaság, ipar, energiaágazat) működő vízfelhasználók által végrehajtott intézkedések megfelelők-e, és értékelhetnék, hogy a földhasználati gyakorlatok alkalmasak-e a kívánt vízbiztonsági szint garantálására.

3.7. keretes szöveg: A vízgyűjtő területek vízügyi kormányzása – példák uniós tagállamokból

Az uniós Víz Keretirányelv nagy jelentőséget tulajdonít annak, ha az érdekelt felek a vízkészlet-gazdálkodás kapcsán konzultációkon vesznek részt és bevonódnak a folyamatokba. A nyilvánosságnak a VGT-k kidolgozásában való részvételét jogszabály írja elő, miszerint az összes érintett érdekelt felet (pl. a vízfelhasználókat, a nem kormányzati szervezeteket és az önkormányzatokat) tájékoztatni kell, konzultációt kell velük folytatni, továbbá be kell őket vonni a tervezési folyamat főbb szakaszaiba. Ennek a részvételen alapuló megközelítésnek a célja az átláthatóság biztosítása, a döntéshozatal javítása és annak előmozdítása, hogy a felek közösen vállaljanak felelősséget a Víz Keretirányelv céljainak megvalósulásáért.

Hollandiában a Víz Keretirányelv céljainak elérése az Infrastrukturális és Vízgazdálkodási Minisztérium, a tartományok és a regionális vízügyi hatóságok vagy vízügyi tanácsok (*waterschappen*) közös felelőssége. A vízügyi hatóságok autonóm kormányzati szintet képviselnek. A Víz Keretirányelvben foglalt követelményeknek való megfelelés jogszabályban előírt feladatuk, és felelősségre vonhatók abban az esetben, ha a célok nem valósulnak meg. A demokratikus legitimitás biztosítása érdekében a vízügyi hatóságok esetében általános választásokra kerül sor; egyes politikai pártok kifejezetten ezen a közigazgatási szinten működnek. Az adóztatás terén ugyan rendelkeznek bizonyos hatáskörökkel, de a tartományok és a központi kormányzat közigazgatási és pénzügyi szabályainak, valamint ellenőrzésének hatálya alá tartoznak. Működésüket az úgynevezett „interest-pay-say" elv határozza meg, amelynek értelmében a kormányzásba beleszólhatnak azok az érdekelt felek, amelyek a vízgazdálkodásból hasznot húznak és annak költségeit viselik. Az egyes vízügyi hatóságok demokratikusan megválasztott közgyűléseiben jelen vannak általános érdekeket képviselő szereplők (helyi lakosok) és speciális érdekeket (pl. mezőgazdaság, üzleti szféra) képviselő szereplők, valamint erdők és természetvédelmi területek kezelői, akik illetékek útján tudnak hozzájárulni a vízgazdálkodás költségeihez. A közgyűlésen való formális képviselet mellett a vízügyi hatóságok az érdekelt feleket a helyi projektek megvalósításába is bevonják.

Spanyolország a régiókon átnyúló vízgyűjtő területeket úgynevezett hidrográfiai konföderációk (*confederaciones hidraúlicas*) segítségével kezeli. Ezek jogi személyiséggel rendelkező közjogi szervezetek, amelyek az ökológiai átmenetért és a demográfiai kihívások kezeléséért felelős minisztérium alá tartoznak. Munkájukat a vízgyűjtő-tanácsok (*consejos del agua de la demarcación*) támogatják, amelyek több érdekelt felet tömörítő platformként működnek, és amelyekben nemzeti és regionális közigazgatási szervek, vízfelhasználók, nem kormányzati szervezetek és a civil társadalom is képviseltetik magukat. Feladatuk a hidrológiai tervezéshez kapcsolódó tanácsadás, a VGT-k tervezetének felülvizsgálata és a Víz Keretirányelvben foglalt célkitűzéseknek való megfelelés biztosítása. A tervezésben való részvétel három szinten – tájékoztatás, konzultáció és aktív részvétel – garantált, és a főbb tervezési dokumentumok esetében legalább hathónapos konzultációs időszakot kell biztosítani. Az egyes tervezési ciklusok kezdetén a minisztérium több dokumentumot is közzétesz, többek között egy, a nyilvános részvételhez kapcsolódó projektet, amely ismerteti, hogy az érdekelt felek hogyan vehetnek részt a folyamat egészében. Ezek a dokumentumok elérhetők online és a hidrográfiai konföderációk irodáiban, így a polgárok és szervezetek benyújthatják észrevételeiket és javaslataikat.

Forrás: (OECD, 2015[30]), (Government of Spain, n.d.[32]), (OECD, 2014[33]), (Dutch Water Authorities, 2017[34])

Javasolt, hogy Magyarország a következő VGT-ciklusban (2027–2032) helyszínekre szabott vízmegtartási és vízelvezetési intézkedéseket jelenítsen meg a tervekben. Konkrétabban: javasolt, hogy a VGT-k az alegységekből álló működési, illetve illetékességi területek szintjén és nemzeti szinten, az adott almedencékben található városi és vidéki térségek földrajzi, hidrológiai, éghajlati és gazdasági jellemzőire alapozzák az intézkedéseket. Például a városi területeken végrehajtandó intézkedések fókuszálhatnának a csapadékvíz-kezelésre (ami a magyar települési önkormányzatok számára a kulcsfontosságú kérdés) (OECD, 2023[23]), azzal, hogy a zöld terek és az adaptív várostervezés vonatkozásában meghatároznak bizonyos minimális küszöbértékeket (3.8). A vidéki területeken végrehajtandó intézkedések fókuszálhatnának a talaj vízmegtartó képességének megtámogatására, a gazdaságokban kialakított csapadékvíz-szikkasztókra, vagy a csatornák, vízfolyások és árkok kiterjedt hálózatának karbantartására, amely egyszerre szolgálná a vízelvezetést és a vízmegtartást. A helyszínre szabott intézkedések adatelemzésen és az érdekelt felekkel folytatott konzultációkon alapuljanak, és használják ki a meglévő eredményeket, például az Agráregyetem által az országos vízmegtartási lehetőségekről készített anyagot. Javasolt, hogy a VGT-intézkedések vezető hatóságait, ütemtervét és költségvetését (beleértve a finanszírozási forrásokat is, pl. operatív programok, KAP-alapok stb.) egyértelműen határozzák meg.

3.8. keretes szöveg: Esővízkezelés a ParisPluie terv keretében (Párizs)

A 2018-ban indított ParisPluie program városi terv, amelynek célja az esővízkezelés átformálása azzal, hogy egy erősen urbanizált, vizet át nem eresztő felületekkel borított környezetben helyreállítja a természetes vízciklust. A jogszabály által előírt és kötelezően alkalmazandó esővíz-körzetek (*zonage pluvial*) alapján kidolgozott terv előírja, hogy mind az állami, mind a magán (pl. utcákat, iskolákat, lakóingatlanokat és kereskedelmi épületeket érintő) építési és felújítási projekteknek az esővizet a forrásánál kell kezelniük. Ilyen megoldások a zöldtetők, a vízáteresztő felületek, a pufferzónák és az esővízgyűjtő rendszerek, melyek célja a csapadék helyszíni visszatartása, szikkasztása és újrahasznosítása. A ParisPluie a szokásos esőzési eseményekre fókuszál, amikor egy 24 órás időszakban 8 milliméternyi csapadéknak megfelelő mennyiség hullik, amely az éves csapadékmennyiség körülbelül 80%-át teszi ki. Célja, hogy nagy mértékben csökkentse a csatornahálózatba kerülő vízmennyiséget, korlátozza a Szajnába jutó szennyezőanyagok mennyiségét, és mérsékelje az árvízkockázatot.

A ParisPluie az általánosabb éghajlati célok elérését is segíti, ideértve a vízmegtartást és a városok hűtését szolgáló zöldterületek létrehozását, valamint az ivóvíz-fogyasztás visszafogását az esővíznek az zöldterületek öntözésére való újrafelhasználását megengedő szabályok útján. Párizs hosszabb távú célja, hogy 570 hektárnyi városi területet tegyen zölddé, és körülbelül 21%-kal csökkentse a Szajnába jutó csapadékvíz mennyiségét. A megvalósítást egy online portál támogatja, ahol a fejlesztők, a városi tisztviselők és a polgárok technikai útmutatást találnak; ehhez társulnak még a Seine-Normandie térség vízügyi hatóságának pénzügyi ösztönzői. Vannak bizonyos új kezdeményezések (pl. CoprOasis), amelyek szintén arra ösztönzik az épületek társtulajdonosait, hogy zöldítsék a belső udvaraikat, illetve telepítsenek esővízgyűjtő rendszereket.

Forrás: (Paris, 2025[35]), (Parisian Climate Agency, 2025[36]), (Eurocities, 2020[37])

Javasolt, hogy Magyarország erősítse meg a szomszédos országokkal és a Duna- és Tisza-medence part menti országaival folytatott, **árvizekkel és aszályokkal kapcsolatos, mind a felső szakaszokat, mind pedig az alsó szakaszokat érintő együttműködést.** A Nemzetközi Duna-védelmi Bizottság (ICPDR) keretében folytatott együttműködés eddig is elengedhetetlen volt a vízgyűjtő-szintű vízgazdálkodásnak az információcsere, a közös tervezés és bizonyos koordinációs eszközök révén történő megerősítésében (ilyen eszköz például a Danube-GIS, a havária-figyelő rendszer és a határon átnyúló vízminőség-figyelő monitoringhálózat, amely az árvizek és aszályok nyomon követését és korai észlelését, valamint az azokra való reagálást támogatja). Magyarországnak – tekintettel arra, hogy a Duna felső folyásánál helyezkedik el, és megújuló édesvízellátása tekintetében erősen függ az országon kívülről érkező víztől – komoly érdeke fűződik ahhoz, hogy a számára is előnyös árvíz- és aszálymegelőző intézkedések végrehajtása érdekében továbbra is szorosan együttműködjön a Duna és a Tisza felső folyásánál elhelyezkedő országokkal. A szomszédos országokkal kötött határon átnyúló megállapodások ezidáig jellemzően az árvízkockázatra összpontosítottak, azonban egyre inkább előtérbe kerül a vízhiány kérdése. Magyarországnak más nemzetközi vízgyűjtőkön is – és ezen belül különösen a Tisza vízgyűjtő területén – támogatnia kell az erőfeszítéseket, amelyek a vízkészletekre gyakorolt éghajlati hatásokra adott közös válaszok kidolgozását célozzák. Szomszédaival együttműködésben Magyarország is mérlegelhetné a határokon átnyúló vízügyi megállapodások felülvizsgálatát és aktualizálását a vízhiány okozta jövőbeni problémák kezelése érdekében. Végezetül: javasolt, hogy az OVF gondoskodjon arról, hogy a VIZIG-ek és a vízgazdálkodási tanácsok rendszeresen tájékoztatást kapjanak a nemzetközi fórumokon keletkezett adatokról (pl. az ICPDR keretében kidolgozott Duna-vízgyűjtő Vízmérleg), illetve hozzáférést kapjanak azokhoz, biztosítandó, hogy a helyi döntések összhangban vannak a vízgyűjtői szintű információkkal.

Az átláthatóság, a bevonás és a nyomon követés javítása az integritás és a bizalom szolgálatában

Hiányosságok

A víz- és az éghajlat-politika átláthatósága kapcsán merülnek fel kihívások; ezen a területen van tere a további fejlesztéseknek. A legutóbbi, Magyarországra vonatkozó OECD-környezetvédelmi teljesítményértékelés kiemelte a környezeti információk kezelése terén tett előrelépéseket, de felhívta a figyelmet a nyilvános terjesztést érintő akadályokra, többek között a 2011-ben bevezetett díjakra és korlátozásokra (OECD, 2018[2]). Az elsődleges jogszabályok és az alsóbb szintű szabályozások kidolgozási folyamatainak átláthatósága terén Magyarország az OECD-átlag alatt teljesít (OECD, 2025[3]) A vízzel kapcsolatos információkhoz való hozzáférés továbbra is korlátozott, különösen ami a gazdasági szempontokat illeti. A VGT-3 tartalmaz ugyan gazdasági információkat és elemzéseket a közüzemi vízellátásról, de a vízfelhasználás egyéb fontos területeiről (például a mezőgazdaságról és az iparról) kevés gazdasági információval szolgál (European Commission, 2025[38]). A díjszabások tekintetében a Víziközmű-fejlesztési és Ellentételezési Alapról szóló rendelet meghatározza a költségkategóriákat, és közműszolgáltatónkénti bontásban közzéteszi a tényleges fizetési és kompenzációs összegeket, azonban a bevételek újraelosztásának módszertanát és az allokációs kritériumokat már nem ismerteti. Ugyanígy a vízdíjak megállapításának alapelveit és magukat az éves díjszabásokat (amelyek az alapdíjat és a változó költségeket egyaránt tartalmazzák) ugyan közzéteszik, de a díjszabásokhoz használt módszertant és a MEKH ezzel kapcsolatos ajánlásait már nem hozzák nyilvánosságra. 2023-ban a MEKH elutasította a díjszabásokra vonatkozó ajánlásainak nyilvánosságra hozatalát, miután a budapesti önkormányzat közérdekű adatigénylést nyújtott be. Annak ellenére, hogy bírósági ítélet írta elő a nyilvánosságra hozatalt, a későbbi jogszabály-módosítások új nemzetbiztonsági szempontokat vezettek be az információs önrendelkezési jogról és az információszabadságról szóló 2011. évi törvénybe, aminek következtében bizonyos adatok esetében akár 30 éven át korlátozható a hozzáférés. Az adatkezelők mérlegelési jogkörrel rendelkeznek arra nézve, hogy az adatok közzétételének megvalósíthatóságát nemzetbiztonsági szempontok alapján értékeljék, illetve meghatározzák.

Ugyanígy, jóllehet a vízügyi ágazatban robusztus jogszabályi rendelkezések írják elő a nyilvánosság részvételét, **az érdekelt feleket nem vonják be szisztematikusan a vízügyi, éghajlat-politikai és környezetvédelmi döntéshozatalba.** Ez a helyzet a szakpolitikák magyarországi kidolgozásának általánosabb trendjeit tükrözi: a civil társadalmi szervezetek arról számolnak be, hogy az elmúlt három évtizedben a nyilvánosság részvételének lehetőségei szűkültek, miközben a jogi védelem és a támogató mechanizmusok meggyengültek (EMLA, 2021[39]). A 2010-es évek centralizációt célzó reformjai, valamint a hagyományosan felülről lefelé irányban működő kormányzási kultúra tovább szűkítették a részvételre való lehetőségeiket, ami kihathat a közbizalom szintjére (Csizmadia et al., 2022 in) (OECD, 2023[23])). A vízügyi ágazatban léteznek jó gyakorlatok, melyek az érdekelt felek bevonását célozzák. Ilyenek a részvízgyűjtő-szinten és az alegységekből álló működési, illetve illetékességi területek szintjén működő Vízgazdálkodási Tanácsok, valamint azok a nyilvános konzultációk, melyekre minden hatéves VGT-ciklus során sor kerül a Víz Keretirányelvben foglalt követelményeknek való megfelelően. Azonban a szélesebb körű környezeti döntéshozatalt illetően megjegyzendő, hogy a polgárok részvételének előmozdításában 2008 és 2018 között alig-alig történt előrelépés (OECD, 2018[2]), továbbá hogy az érdekelt feleknek az elsődleges jogszabályok és az alacsonyabb szintű szabályozásba történő bevonása terén Magyarország az OECD átlag alatt teljesít (OECD, 2025[40]). Ezenkívül az *Országos Környezetvédelmi Tanács* (OKT) – amely több érdekelt felet tömörítő, a környezetvédelmi törvényekkel foglalkozó konzultációs testület – a jelek szerint háttérbe szorult az utóbbi években, tekintettel arra, hogy legutóbbi ülését 2021-ben tartotta. Hozzá kell tenni azt is, hogy nem érhető el nyilvánosan olyan rendelet, a *Vízügyi Tudományos Tanácsot* (VzTT) hozza létre, továbbá nem lelhető fel olyan aktív és dedikált weboldal sem, ahol nyomon lehetne követni a tanács tevékenységét.

A mentességek egyre szélesebb körű alkalmazása korlátozza a nyilvános konzultáció és az érdekelt felek bevonásának lehetőségeit, továbbá megrendíti a kormányzati döntéshozatalba vetett bizalmat. Különösen a magyar építészetről szóló 2023. évi törvényben meghatározott nemzeti „kiemelt beruházási" mechanizmus korlátozza a nyilvános konzultáció lehetőségeit. Ha egy projektet nemzetgazdasági szempontból kiemelt jelentőségű beruházásnak minősítenek, az engedélyezési határozatokra rövidített határidők vonatkoznak, illetve a projekt mentesül a szokásos tervezési eljárások alól, amivel gyakorlatilag megkerüli a helyi részvételt előíró követelményt. A gyorsított eljárás korlátozza az érintett önkormányzatok és a civil társadalom véleménynyilvánításra való lehetőségeit, a szóban forgó nagyléptékű fejlesztések potenciális környezeti és vízügyi hatásai ellenére is. Az olyan megközelítések, amelyek keretében a helyi közösségeknek nincs érdemi lehetőségük arra, hogy hangot adjanak aggályaiknak, megrendítik az új fejlesztésekbe vetett közbizalmat. Például a Samsung gödi akkumulátorgyárát 2016-ban nemzetgazdasági szempontból kiemelt jelentőségű beruházásnak minősítették, és a fent említett gyorsított folyamatot alkalmazva valósították meg, ami a helyiekben aggodalmat szült és ellenállást váltott ki a projekttel szemben (EJ Atlas, 2025[41]). Hasonló volt a helyzet a paksi atomerőmű bővítése esetében is, ahol egy 2015-ben elfogadott külön jogszabály tette lehetővé a nyilvános konzultáció korlátozását, ami a nyilvánosság részvételének korlátozása szempontjából aggályos gyakorlat (OECD, 2018[2]). A Jövő Nemzedékek Országgyűlési Biztosa több ízben is aggodalmának adott hangot a kutak és a talajvíz-kivétel szabályozásának hiánya miatt. Ezeket a tendenciákat súlyosbítja, hogy nincs független környezetvédelmi hatóság, hiszen megszüntették a környezetvédelmi felügyelőségeket. Emiatt csökkent a környezetvédelmi felügyelet autonómiája, ami kihívásokat jelent a törvény eredményes végrehajtatása terén.

A víz- és éghajlat-politika végrehajtása kapcsán számos visszaesés és késedelem figyelhető meg, ami gyengíti a tervek, stratégiák és szabályozások legitimitását. Jelentős késedelmek voltak megfigyelhetők a második Nemzeti Éghajlatváltozási Stratégiát megvalósító hároméves klímavédelmi akciótervek vonatkozásában: a második akciótervet érintő konzultációs folyamat megakadt, a harmadik előkészítése pedig még nem kezdődött meg. Hasonló végrehajtási hiányosságok figyelhetők meg a VGT-ben is, melynek esetében a Víz Keretirányelvben és a 221/2004. (VII. 21.) kormányrendeletben előírt kötelező erejű intézkedések végrehajtása maradt el. Ennek következményeként a VGT-2 legtöbb intézkedését (kisebb kiegészítések mellett) átvitték a következő ciklusra (European Commission, 2025[38]). Az VGT célkitűzései és a nemzeti szabályozások között mutatkoznak ellentmondások (State Audit Office, 2023[42]), és a második VGT 48 szabályozási intézkedéséből a harmadik ciklusra csak ötöt hajtottak végre (OVF, 2022[11]).

A vízügyi és éghajlati politikákra és tervekre vonatkozó nyomonkövetési keretek és stratégiák korlátozottak, ami befolyásolja a végrehajtást és az elszámoltathatóságot. Bár vannak szakpolitikák, amelyek tartalmazzák egy nyomonkövetési keretrendszer meghatározását, a végrehajtás nem szisztematikusan zajlik. Ezt szemlélteti az, hogy bár a Nemzeti Vízstratégia magában foglalt egy nyomonkövetési keretrendszert a 2017 és 2020 közötti időszakra tervezett intézkedésekhez, a végrehajtásról nem született nyilvános jelentés[9], és a 2020 utáni időszakra nézve nem határoztak meg további intézkedéseket (State Audit Office, 2024[13]). Hasonlóképpen nem végeztek átfogó kormányzati értékelést a stratégia célkitűzéseinek elérése tekintetében tett előrehaladásról, és az első végrehajtási időszakot (2017–2020) követően nem került sor sem félidős felülvizsgálatra, sem pedig a prioritások és intézkedések kiigazítására. A többi szakpolitika és terv nem határoz meg egyértelműen nyomonkövetési keretrendszert. Az Árvízkockázat-kezelési Terv nem tartalmaz egyértelmű információkat arról, hogy az új árvízkár-mérséklési projekteket hogyan fogják nyomon követni, továbbá nem határozza meg a mutatókat, amelyekkel értékelni lehetne a célok felé tett előrehaladást (European Commission, 2025[15]). A szakpolitikákon, stratégiákon és terveken túl a projektszinten is jelentkeznek a nyomon követéssel kapcsolatos hiányosságok. Az Agrárminisztérium például nem határozott meg olyan jelentéstételi vagy nyomonkövetési követelményeket, amelyek mentén értékelni lehetne az Öntözési és Vízgazdálkodási Kutatóintézet teljesítményét, annak ellenére, hogy nemzeti öntözési képzési központ létrehozását célzó kezdeményezésre 500 millió HUF (13 000 EUR) összeget különítettek el (State Audit Office, 2025[7]).

Ajánlások

Javasolt az átláthatóság, valamint a vízügyi, éghajlati és környezeti szakpolitikákkal kapcsolatos információkhoz való hozzáférés megerősítése, elősegítendő a közbizalom növelését, az elszámoltathatóság javítását, valamint a tényeken alapuló döntéshozatal támogatását. Amint arra az OECD felhívja a figyelmet (2025[43]), Magyarország javát szolgálná, ha a szakpolitikai ciklusok minden szakaszában – a tervezéstől és a döntéshozataltól kezdve egészen a végrehajtásig és a nyomon követésig – javulna az átláthatóság. A főbb intézkedések a következők lehetnének:

- Egyablakos ügyintézési pont létrehozása, melyen keresztül az érdeklődők vízügyi, éghajlati és környezeti információkhoz férhetnek hozzá. Ez az online platform megkönnyíthetné a legfontosabb adatokhoz és információkhoz való szabad és időszerű hozzáférést minden érdekelt fél számára (beleértve a polgárokat, a vállalkozásokat, a nem kormányzati szervezeteket és a kutatókat) többek között a következő témakörökben: a víz rendelkezésre állása és minősége, a vízkivétel mértéke, éghajlati kockázatok és szakpolitikai célok. A platform tájékoztathatná a nyilvánosságot bizonyos döntésekről, például a díjszabásokról és a díjak változásairól.
- A főbb tanácsadói outputok (pl. a MEKH, az OKT, a VzTT és más illetékes szervek ajánlásai) közzétételének biztosítása az átláthatóság előmozdítása, valamint a nyilvános viták alapjául szolgáló ismertek megerősítése érdekében.

Javasolt a társadalom különböző csoportjaihoz tartozó érintett felek bevonása a döntéshozatalhoz szükséges információk megszerzése, valamint a víz- és éghajlat-politikák társadalmi elfogadottságának javítása érdekében. Magyarország környezeti demokráciája és az érdekelt felek bevonását szolgáló kerete az alkotmányos jogokban, a különböző jogszabályokban (például a jogszabályok előkészítésében való társadalmi részvételről szóló 2010. évi törvényben) és nemzetközi kötelezettségvállalásokban (például az Aarhusi Egyezményben) gyökerezik. Azonban e kötelezettségek szisztematikus teljesítésére csak korlátozottan kerül sor (OECD, 2018[2]). Az OECD (2018[44]; 2025[43]) sürgette, hogy Magyarország gondoskodjon arról, hogy a környezeti demokrácia gyakorlatai megfeleljenek az alkotmányos követelményeknek és a nemzetközi kötelezettségvállalásoknak, továbbá arról, hogy az érdekelt felek érdemben be legyenek vonva a teljes szakpolitikai ciklusba, és különösen a korai szakaszokba. Az érdekelt feleknek megfelelő lehetőségeket és észszerű határidőket kell biztosítani arra, hogy visszajelzéseket adhassanak a szakpolitikákra, a tervekre, az engedélyekre és a jogalkotási javaslatokra vonatkozóan, és véleményüket a gyorsított eljárás során is figyelembe kell venni. Javasolt például, hogy Magyarország mérlegelje annak lehetőségét, hogy finomítja a nemzetgazdasági szempontból kiemelt jelentőségű beruházások mechanizmusának paramétereit, vagy biztosítja, hogy az érdekelt felek – alternatív vagy párhuzamos csatornákat használva – továbbra is érdemben hozzá tudjanak járulni a folyamathoz. Az átlátható kritériumok biztosítása és a párbeszéd fenntartása erősítené a közbizalmat és fokozná a nagyszabású fejlesztési projektek legitimitását, csökkentve az ellenvélemények vagy jogi kihívások miatt bekövetkező késedelmek kockázatát. Az OECD Tanácsának a közszféra integritásáról szóló ajánlása többek között azt javasolja, hogy a szakpolitikai folyamat és a szakpolitikai ciklus minden szakaszában ösztönözzék az átláthatóságot és az érdekelt felek bevonását, hiszen ezzel mozdítható elő az elszámoltathatóság és a közérdek érvényesülése (3.9). A vízügy terén javasolt, hogy Magyarország:

- vezessen be független éghajlatváltozási rezilienciavizsgálati mechanizmusokat a vízkészletekre hatással lévő jogszabályok és szakpolitikák esetében. Az új jogalkotási javaslatokat megvizsgálhatná egy független szakértői testület abból a szempontból, hogy összhangban állnak-e az éghajlatváltozás hatásaihoz való alkalmazkodáshoz kapcsolódó célkitűzésekkel. Ez magában foglalhatná az OKT visszaállítását és megerősítését (amely aztán véleményeket fogalmazna meg a jogszabály- és szakpolitika-tervezetekről), továbbá olyan elszámoltathatósági mechanizmusok bevezetését, amelyek biztosítják, hogy a kormány átláthatóan reagál az OKT ajánlásaira. Az OKT-t multidiszciplináris összetétele – vagyis az, hogy környezetvédelmi nem kormányzati szervezetek, a Magyar Tudományos Akadémia és a Munkaadók és Gyáriparosok Országos Szövetsége is képviselteti magát benne – alkalmassá teszi arra, hogy ágazatközi, tényeken alapuló tanácsokkal szolgáljon;
- az érdekelt felek bevonásának hatókörét terjessze ki a víz- és éghajlat-politikai döntéshozatalban hagyományosan alulreprezentált olyan szereplőkre is, akik a vízgazdálkodásra jelentős hatást gyakorló tevékenységeket végeznek. Ezek többek között a következők: ingatlanfejlesztők és földtulajdonosok (akiknek döntései a földhasználatra és a vízmegtartó képességre vannak hatással); a biztosítási ágazat (amely a kockázatcsökkentő intézkedések ösztönzésében játszik kiemelkedően fontos szerepet); valamint a Magyar Nemzeti Bank (melynek feladatkörébe tartozik az árstabilitás biztosítása, és amely 2021 óta a Parlament által ráruházott megbízatással rendelkezik arra, hogy működésébe környezeti és éghajlati megfontolásokat integráljon – ez az úgynevezett zöld mandátum). Ha az ezekkel a szereplőkkel a már meglévő platformokon – például a Vízgazdálkodási Tanácsokban, vagy a jogszabályok, stratégiák és programok kidolgozását szolgáló konzultációk keretében – folytatott párbeszédet megerősítik, az előmozdíthatja a gazdasági és környezeti célok közötti szinergiákat. Javasolt, hogy az érdemi részvétel ösztönzése érdekében a döntéshozók egyértelműen közöljék, hogy az érdekelt felektől érkező inputokat hogyan veszik figyelembe, illetve hogyan jelennek meg azok a végleges döntésekben.

3.9. keretes szöveg: Az OECD Tanácsának ajánlása a közszféra integritásáról

1. A közszférára vonatkozó koherens és átfogó integritási rendszer kialakítása

- A közszféra legmagasabb politikai és vezetői szintjein elkötelezettséget kell mutatni az integritás közszférában való erősítése és a korrupció mérséklése irányában.
- Az egész közszféra intézményi felelősségének tisztázása a közszféra integritási rendszerének megerősítése és hatékonyabbá tétele érdekében.
- Tényeken alapuló, a közszféra integritási kockázatainak mérséklését célzó stratégiai megközelítés kifejlesztése a közszféra számára.
- Magas szintű magatartási normák meghatározása a tisztviselők számára.

2. A közszférabeli integritás kultúrájának ápolása

- A közszféra integritási kultúrájának támogatása az egész társadalmat átfogóan, együttműködve a magánszektorral, a civil társadalommal és az egyénekkel.

- Befektetés az integritásalapú vezetésbe, szemléltetendő a közszféra szervezetének integritás iránti elkötelezettségét.
- A teljesítményközpontú és szakmai alapú, a közszolgálati értékek és a jó kormányzás iránt elkötelezett közszféra támogatása.
- Megfelelő tájékoztatás, képzés, útmutatás és naprakész tanácsadás biztosítása a tisztviselők számára a közszféra integritási normáinak munkahelyi alkalmazásához.
- Az integritással kapcsolatos aggályokra reagáló, nyitott szervezeti kultúra támogatása a közszférában.

3. **A hatékony elszámoltathatóság lehetővé tétele**

- Belső kontroll- és kockázatkezelési keretrendszer alkalmazása a közszféra szerveinél integritásuk megőrzése érdekében.
- Annak biztosítása, hogy a jogérvényesítési mechanizmusok megfelelő választ adjanak a közszféra integritási normáinak a tisztviselők és valamennyi más érintett személy által elkövetett feltételezett megsértése esetén.
- A külső felügyelet és az ellenőrzés szerepének megerősítése a közszféra integritási rendszerén belül.
- Az átláthatóság és az érintettek bevonásának ösztönzése a politikai folyamat és a politikai ciklus minden szakaszában az elszámoltathatóság és a közérdek előmozdítása érdekében.

Az utóbbi ajánlás különösen azzal valósítható meg, hogy:

- támogatják az átláthatóságot és a nyílt kormányzást, köztük az információhoz és a nyílt adatokhoz való hozzáférést, valamint az információkérésekre időben történő válaszadást;
- biztosítják, hogy valamennyi érintett fél – köztük a magánszektor, a civil társadalom és az egyének – bekapcsolódhasson a közpolitikák kidolgozásába és végrehajtásába;
- megakadályozzák, hogy a közpolitikák szűk érdekkörök foglyává váljanak, amelyet az összeférhetetlenségek kezelése, valamint a lobbitevékenységek, illetve a politikai pártok és választási kampányok finanszírozásának átláthatósága növelése révén érhetnek el;
- olyan társadalmat támogatnak, amelynek részei a civil ellenőrző szervezetek, az állampolgárok önszerveződő csoportjai, a szakszervezetek és a független média.

Forrás: (OECD, 2017[45])

Javasolt a közvélemény szemléletformálása és az éghajlatváltozás hatásaival szemben reziliens vízgazdálkodás irányában ható magatartásváltozás ösztönzése. Javasolt, hogy a kormány még inkább működjön együtt a közszférabeli, a magánszektorbeli és civil társadalmat alkotó érdekelt felekkel, valamennyi szinten és valamennyi ágazatban, annak érdekében, hogy elősegítse az árvizek és aszályok növekvő kockázatainak jobb megismerését, javítsa a közvélemény általi elfogadottságot, valamint az alkalmazkodást célzó lépések (pl. a természetalapú megoldások és a vízmegtartást szolgáló gyakorlatok) bevezetésének felvállalását. A szemléletformáló tevékenységek fókuszálhatnak mind a rövid távú válságmegelőzésre, mind pedig a vízigény hosszú távon megvalósítandó csökkentésére, a lakosságon belül konkrét célcsoportokat megszólítva (pl. iskolás gyermekek, mezőgazdasági termelők, energetikai és ipari vállalkozások, vagy a szélesebb nagyközönség). A nemzeti intézmények biztosíthatják a stratégiai iránymutatást és kereteket, a végrehajtás pedig a regionális és a helyi szereplők részvételével működő partnerségekre támaszkodhat.

Javasoljuk, hogy az Energiaügyi Minisztérium továbbra is dolgozzon együtt:

- az illetékes minisztériumokkal országos szintű szemléletformáló kampányok megszervezésében; ez többek között azt foglalja magában, hogy részt vesznek országos rendezvényeken (pl. a Kék Bolygó Alapítvány éves filmfesztiválján, a Víz Világnapján és a Nemzetközi Duna-napon), továbbá jelen vannak országos kommunikációs platformokon, ahol információkat osztanak meg a vízkészletek állapotáról;
- az általános és középiskolai szintű közoktatásért felelős Belügyminisztériummal annak érdekében, hogy az általános és középiskolai tantervekbe integrálják a víztudatos magatartást; ennek során olyan kezdeményezésekre építsenek, mint például a LIFE LOGOS projekt középiskolás diákokkal végzett munkája és a Kék Bolygó Alapítvány oktatási programjai;
- az Agrárminisztériummal, hogy ösztönözzék az olyan talajművelési gyakorlatokat, amelyek segítik a víz talajba való beszivárgását, az aszálytűrő növényfajták bevezetését és elterjesztését, továbbá a szivacsként működő tájelemek nyújtotta lehetőségek kihasználását, valamint hogy támogassák a vízvédelmet célzó mezőgazdasági beruházásokat.

Javasolt, hogy a Közigazgatási és Területfejlesztési Minisztérium működjön együtt az önkormányzatokkal annak érdekében, hogy a víztakarékosságot és vízmegtartást szolgáló intézkedéseket a polgárok és a vállalkozások jobban elfogadják és magukénak érezzék. Ennek keretében ösztönözhetik bizonyos intézkedések bevezetését; ilyen az esővízgyűjtés, a vízelvezető csatornák megszüntetése a víz talajba való beszivárgásának segítése érdekében, valamint a közvélekedés megváltoztatása úgy, hogy az emberek a vizet ne kockázatnak, hanem értékes erőforrásnak lássák.

További érintett felek, amelyekkel javasolt az együttműködés:

- a Kereskedelmi és Iparkamarával a víztakarékos technológiáknak a gyártási folyamatokban és a létesítményekben történő alkalmazásának népszerűsítése (pl. esővízgyűjtés) érdekében, különösen az energetikai és a gyártási ágazatban;
- a Mezőgazdasági Kamarával annak érdekében, hogy felhívják a mezőgazdasági termelők figyelmét a gazdaságokban zajló vízmegtartás, a hatékony öntözési technikák (pl. a legmelegebb órákban történő öntözés kerülése) és technológiák (pl. csepegtetéses öntözés) előnyeire, valamint Magyarország KAP Stratégiai Tervében szereplő, a vízmegtartást előnyben részesítő finanszírozási programokra és intézkedésekre;
- a VIZIG-ekkel annak érdekében, hogy kiszélesítsék a földtulajdonosokkal és a mezőgazdasági termelőkkel már jelenleg is zajló együttműködést a földalapú vízmegtartási intézkedések végrehajtása terén, ideértve az ellenőrzött elárasztást és az olyan beavatkozásokat a tájban, amelyek a vízmegtartást javítják;
- a felsőoktatási intézményekkel annak érdekében, hogy megosszák a kutatási projektekből származó hasznos tapasztalatokat (pl. a vízmegtartás, a természetalapú megoldások, a víz újrafelhasználása stb. terén).

Javasolt a nyomonkövetési és értékelési keretrendszerek megerősítése a már meglévő tervek, szakpolitikák és projektek végrehajtásának nyomon követése (és, ha szükséges, kiigazítása) érdekében. A szakpolitikák nyomon követése és értékelése elengedhetetlen a kormányzati intézményekbe vetett bizalom erősítéséhez. A kormányzati szakpolitikák eredményeinek mérése, a végrehajtásukhoz szükséges erőforrások hatékonyságának és eredményességének értékelése, valamint az eredmények átlátható módon történő közlése pedig az elszámoltathatóságot támogatja. Konkrétabban, javasoljuk, hogy Magyarország:

- szisztematikusan hozzon létre a szakpolitikák, stratégiák és cselekvési tervek nyomon követésére szolgáló keretrendszereket, és ennek során határozza meg a következőket: mérhető mutatók, kijelölt felelős intézmények, egyértelmű ütemtervek és nyilvános jelentéstételi mechanizmusok (ideértve például a parlamentnek benyújtandó rendszeres jelentéseket és az online platformokon elérhető jelentéseket);

- azonosítsa és kezelje a már meglévő nyomonkövetési rendszerek eredményes alkalmazásának akadályait (többek között célzott cselekvési tervek kidolgozásával), biztosítandó, hogy sor kerül az adatok gyűjtésére, elemzésére és a szakpolitika fejlesztését szolgáló felhasználására;
- mozdítsa elő az értékelési kultúrát az országos szintű közigazgatásban, többek között kapacitásépítési kezdeményezésekkel, a szakpolitika értékelésére vonatkozó belső iránymutatásokkal, valamint egy olyan kiemelt szereplő („a nyomon követés és az értékelés bajnoka") kinevezésével, amely a bevált gyakorlatok népszerűsítéséért és az értékelés eredményeinek nyomon követéséért felel;
- a szubnacionális szintű adat- és információgyűjtés érdekében vonja be a releváns érdekelt feleket (például a Vízgazdálkodási Tanácsokat), és működjön velük együtt.

Hivatkozások

Cecchi, L., E. Conti and L. Ravagli (2022), "The determinants of domestic water demand and the equity of tariffs: Empirical evidence from an Italian municipality", *ECONOMIA PUBBLICA* 3, pp. 373-395, https://doi.org/10.3280/ep2022-003002. [19]

CKA (2024), *Dead end or way out?*, https://www.cka.hu/zsakutca-vagy-kiut-tanulmany-2023/ (accessed on 22 July 2025). [12]

Dutch Water Authorities (2017), *Water Governance: The Dutch Water Authority Model*, http://www.uvw.nl (accessed on 20 November 2025). [34]

EJ Atlas (2025), *EJ Atlas*, https://ejatlas.org/ (accessed on 21 July 2025). [41]

EMLA (2021), *Civil critical remarks to the Hungarian Government's National Implementation Report to the Aarhus Convention*, https://emla.hu/wp-content/uploads/2024/09/A-Magyar-Kormany-aarhusi-orszagjelentesenek-civil-kritikaja_2021_English_kesz.pdf. [39]

Equilibrium Institute (2025), *How can Hungary become a country rich in water?*, https://egyensulyintezet.hu/en/how-can-hungary-become-a-country-rich-in-water/ (accessed on 22 July 2025). [14]

Eurocities (2020), *Let it rain*, https://eurocities.eu/stories/let-it-rain/ (accessed on 21 July 2025). [37]

European Commission (2025), *May infringements package: key decisions*, https://ec.europa.eu/commission/presscorner/detail/en/inf_25_982 (accessed on 20 November 2025). [25]

European Commission (2025), "Report from the Commission to the Council and the European Parliament on the implementation of the Water Framework Directive (2000/60/EC) and the Floods Directive (2007/60/EC)", https://eur-lex.europa.eu/legal-content/EN/TXT/?uri=celex:52025SC0029. [15]

European Commission (2025), *Third River Basin Management Plans Second Flood Hazard and Risk Maps and Second Flood Risk Management Plans - Member State: Hungary*, https://eur-lex.europa.eu/legal-content/EN/TXT/PDF/?uri=CELEX:52025SC0029. [38]

European Commission (2022), *Environmental Implementation Review 2022 Country Report - HUNGARY*, https://eur-lex.europa.eu/legal-content/EN/TXT/?uri=comnat%3ASWD_2022_0259_FIN (accessed on 22 July 2025). [8]

European Court of Auditors (2021), *Special Report 20/2021: Sustainable water use in agriculture: CAP funds more likely to promote greater rather than more efficient water use*, https://www.eca.europa.eu/en/publications/SR21_20. [22]

Government of Ireland (2024), *Climate Action Delivery Board*, https://www.gov.ie/en/department-of-the-taoiseach/publications/climate-action-delivery-board/ (accessed on 18 September 2025). [9]

Government of Spain (n.d.), *Participación pública en la planificación*, https://www.miteco.gob.es/es/agua/temas/planificacion-hidrologica/planificacion-hidrologica/participacion-publica.html (accessed on 20 November 2025). [32]

IEEP (2022), *Water abstraction charges (Redevances pour prélèvement sur la ressource en eau) in France*, https://ieep.eu/wp-content/uploads/2022/12/FR-Water-Abstraction-Charges-final.pdf. [21]

KVK and RVO (2025), *What the Environment and Planning Act means for you | Business.gov.nl*, https://business.gov.nl/business-location/environment-plan/the-environment-and-planning-act-omgevingswet-what-does-it-mean-for-you/ (accessed on 21 July 2025). [29]

Leflaive, X. and M. Hjort (2020), "Addressing the social consequences of tariffs for water supply and sanitation", *OECD Environment Working Papers*, No. 166, OECD Publishing, Paris, https://doi.org/10.1787/afede7d6-en. [20]

OECD (2025), *Better Regulation Practices across the European Union 2025*, OECD Publishing, Paris, https://doi.org/10.1787/6f007516-en. [40]

OECD (2025), *OECD Regulatory Policy Outlook 2025*, OECD Publishing, Paris, https://doi.org/10.1787/56b60e39-en. [3]

OECD (2025), *OECD Regulatory Policy Outlook 2025*, OECD Publishing, Paris, https://doi.org/10.1787/56b60e39-en. [43]

OECD (2024), "A Handbook of What Works: Solutions for the local implementation of the OECD Principles on Water Governance", *OECD Regional Development Papers*, No. 72, OECD Publishing, Paris, https://doi.org/10.1787/bf54627e-en. [10]

OECD (2023), "Promoting nature-based solutions in municipalities in Hungary", *OECD Environment Policy Papers*, No. 39, OECD Publishing, Paris, https://doi.org/10.1787/d81fb09f-en. [23]

OECD (2022), *Fostering Water Resilience in Brazil: Turning Strategy into Action*, OECD Studies on Water, OECD Publishing, Paris, https://doi.org/10.1787/85a99a7c-en. [16]

OECD (2021), *Water Governance in Peru*, OECD Studies on Water, OECD Publishing, Paris, https://doi.org/10.1787/568847b5-en. [31]

OECD (2019), *Water Governance in Argentina*, OECD Studies on Water, OECD Publishing, Paris, https://doi.org/10.1787/bc9ccbf6-en. [27]

OECD (2018), *OECD Environmental Performance Reviews: Hungary 2018*, OECD Environmental Performance Reviews, OECD Publishing, Paris, https://doi.org/10.1787/9789264298613-en. [2]

OECD (2018), *OECD Environmental Performance Reviews: Hungary 2018*, OECD Environmental Performance Reviews, OECD Publishing, Paris, https://doi.org/10.1787/9789264298613-en. [44]

OECD (2017), *OECD Legal Recommendation of the Council on Public IntegrityInstruments*, https://legalinstruments.oecd.org/en/instruments/OECD-LEGAL-0435. [45]

OECD (2015), *OECD Principles on Water Governance*, https://www.oecd.org/content/dam/oecd/en/topics/policy-sub-issues/water-governance/oecd-principles-on-water-governance-en.pdf. [1]

OECD (2015), *Water Resources Governance in Brazil*, OECD Studies on Water, OECD Publishing, Paris, https://doi.org/10.1787/9789264238121-en. [30]

OECD (2014), *Water Governance in the Netherlands: Fit for the Future?*, OECD Studies on Water, OECD Publishing, Paris, https://doi.org/10.1787/9789264102637-en. [33]

OECD (2010), *Pricing Water Resources and Water and Sanitation Services*, OECD Studies on Water, OECD Publishing, Paris, https://doi.org/10.1787/9789264083608-en. [17]

OVF (2022), *Magyarország 2021. évi vízgyűjtő-gazdálkodási terve [River Basin Management Plan of Hungary]*, https://vizeink.hu/vgt/#page=1. [11]

Paris (2025), *Les eaux pluviales : Parispluie*, https://www.paris.fr/pages/le-plan-parispluie-5618 (accessed on 21 July 2025). [35]

Parisian Climate Agency (2025), *ParisPluie : un plan innovant pour une meilleure gestion de l'eau en Ville - Agence Parisienne du Climat*, https://www.apc-paris.com/parispluie-un-plan-innovant-pour-une-meilleure-gestion-de-leau-en-ville/ (accessed on 21 July 2025). [36]

Pinke, Z. et al. (2024), "A magyar mezőgazdaság modernizációs törekvései és kudarcai az aszálykárok és a globális mezőgazdasági alapanyag-túltermelési válság kapcsán", *Gazdálkodás*, Vol. 68/3, pp. 220-243, https://doi.org/10.53079/gazdalkodas.68.3.t.pp_220-243. [24]

State Audit Office (2025), *Implementation of the National Water Strategy: Agricultural water demand, sustainable water use*, https://www.asz.hu/dokumentumok/25024.pdf. [7]

State Audit Office (2025), *Szerkesztő: Az elemzés elkészítését felügyelte: Készítették: Kiadja az Állami Számvevőszék*, http://www.asz.hu (accessed on 20 November 2025). [26]

State Audit Office (2024), *Monitoring measures taken to implement the National Water Strategy: Monitoring drinking water management*, https://www.asz.hu/dokumentumok/24004.pdf. [13]

State Audit Office (2023), *A vizek védelmének és a vízgazdálkodási feladatok ellátásának ellenőrzése: A víziközmű-szolgáltatás ellenőrzése*, https://www.asz.hu/dokumentumok/23024.pdf. [42]

Stockholm Environment Institute (n.d.), *California Water Plan Update*, https://www.sei.org/projects/california-water-plan-update/ (accessed on 1 December 2025). [28]

Transparency International Hungary (2025), *CPI 2024 - Transparency International Hungary*, https://transparency.hu/en/adatok-a-korrupciorol/korrupcio-erzekelesi-index/cpi-2024/ (accessed on 22 July 2025). [4]

Ungvári, G. et al. (2011), "Evaluating Economic Policy Instruments for Sustainable Water Management in Europe. WP3 EX-POST Case studies: Water Resource Fee - Hungary", https://www.researchgate.net/publication/274891957_Evaluating_Economic_Policy_Instruments_for_Sustainable_Water_Management_in_Europe_WP3_EX-POST_Case_studies_Water_Resource_Fee_-_Hungary (accessed on 17 June 2025). [6]

WaterNSW (2025), *Fees and charges*, https://www.waternsw.com.au/customer-services/water-pricing/fees-and-charges. [18]

World Bank (2025), *Worldwide Governance Indicators*, https://www.worldbank.org/en/publication/worldwide-governance-indicators/interactive-data-access (accessed on 22 July 2025). [5]

Megjegyzések

[1] A korrupcióérzékelési index (CPI) szakértők és üzleti felső vezetők értékelése alapján pontozza a közszférában zajló korrupció észlelt szintjét, majd ennek alapján pontozza és rangsorolja az országokat.

[2] A korrupcióellenes index azt szemléleti, hogy a közhatalmat milyen mértékben használják magáncélokra; magában foglalja a korrupció kisebb és nagyobb léptékű formáit, valamint azt, hogy az államot „fogságba ejti-e" az elit és magánszemélyek érdeke. Az index meglévő indexek és források összesítésén alapul. Az, hogy egy adott ország melyik percentilisbe tartozik, azt mutatja, hogy hol helyezkedik el az indexszel jelölt összes ország között egy olyan skálán, ahol a 0 a legalacsonyabb (az érzékelt korrupció szintje alacsony), a 100 pedig a legmagasabb (az érzékelt korrupció szintje magas).

[3] Amint azt az 13/2018 (4.IX.) AB határozat is elismeri.

[4] Minden jel arra mutat, hogy a későbbi évekre vonatkozóan nem jelentek meg átfogó angol nyelvű statisztikák. A környezetvédelmi ellenőrzések, illetve a környezetvédemi jogsértések 2015 utáni időszakban jellemző tendenciáira vonatkozóan továbbra is csak korlátozottan állnak rendelkezésre nyilvánosan hozzáférhető adatok.

[5] Magyarország átültette nemzeti jogába a víz újrafelhasználására vonatkozó minimumkövetelményekről szóló 2020. május 25-i 2020/741/EU európai parlamenti és tanácsi rendelet azon rendelkezéseit, amelyek nemzeti joghatóság alá tartoznak. Ezt megelőzően a magyar szabályozás volt hatályban, többek között a 50/2001. kormányrendelet. A természetes szennyvízkezelés a magyar jogszabályok (többek között a 147/2010. kormányrendelet) hatálya alá tartozik. A természetalapú szennyvíztisztítást nemzeti jogszabályok szabályozzák, például a 147/2010. kormányrendelet (amely tartalmazza a fogalommeghatározást) és a 28/2004. KvVM rendelet (amely a teljesítendő általános követelményeket tartalmazza).

[6] Az állami vízgazdálkodási ágazatban foglalkoztatott 4 865 alkalmazottból 4 621 a VIZIG-eknél, a fennmaradó 244 pedig az OVF-nél dolgozik; közülük 3 162 alkalmazott 50 éves vagy idősebb.

[7] 1175/2025. (V. 29.) Korm. határozat a Homokhátság vízpótlása érdekében szükséges vízügyi fejlesztésekről.

[8] Százezer lakosra átlagosan 32,3 település jut; ezzel Magyarország az OECD-országok sorában a negyedik helyen áll a települési fragmentáció tekintetében (helyzete e tekintetben a Cseh Köztársaságéhoz és a Szlovák Köztársaságéhoz hasonlít).

[9] A Nemzeti Vízstratégiával kapcsolatos jelentéstétel (melynek felelőse a vízpolitikáért felelős minisztérium) az OVF által készített belső éves előrehaladási jelentéseken alapul. A stratégia két további értékelését – köztük egy gazdasági és környezeti elemzést – 2017-ig, illetve 2021-ig kellett volna elvégezni. Jóllehet 2020-ban elkészült egy értékelési terv, a végrehajtására végül nem került sor. Összességében elmondható, hogy a Nemzeti Vízstratégiáról nem született átfogó kormányzati értékelés.

Melléklet A. Érdekelt felek listája

Név	Szervezet
Juhász Péter	Agrárminisztérium
Árpási Regina	Agrárminisztérium
Szeverényi György	Alföldvíz Regionális Víziközmű-szolgáltató Zrt.
Váradi Zsolt	Alsó-Duna-völgyi Vízügyi Igazgatóság
Borza Tibor	Alsó-Tisza-vidéki Vízügyi Igazgatóság
Barla Enikő	Alsó-Tisza-vidéki Vízügyi Igazgatóság
Anita Simon	ALTEO Energiaszolgáltató Nyrt.
Ádám József	Bács-Kiskun Vármegyei Kormányhivatal, Tűzvédelmi, Iparbiztonsági és Vízügyi Hatósági Főosztály
Fekete Csaba	Bátya Község Önkormányzata
Markó Fruzsina	Bátya Község Önkormányzata
Tóth Ferenc	Belügyminisztérium
Király Zita	Belügyminisztérium
Liktor Dénes	BorsodChem Zrt.
Szilágyi Sándor	Brillfield Partners Kft.
Rózsa Zoltán	Budapest Főváros XII. kerületi Hegyvidéki Önkormányzat
Molnár Réka	Budapest Főváros XVIII. kerületi Pestszentlőrinc-Pestszentimre Önkormányzat
Szilágyi József	Budapesti Műszaki és Gazdaságtudományi Egyetem
Szalóky-Tóth Judit	Coca-Cola Magyarország Kft.
Jasper Andor	Dabas és Környéke Vízügyi Kft.
Nagypéter Sándor	Délalföldi Kertészek Szövetkezete
György Zsolt	Dél-dunántúli Vízügyi Igazgatóság
Madarász Zoltán	Dráva Részvízgyűjtő Vízgazdálkodási Tanács
Csernus Dóra	Egyensúly Intézet
Kovács Szilvia	Éltető Balaton-felvidékért Egyesület
Kőhegy Mátyás	Energiaügyi Minisztérium
Belovai Tamás	Energiaügyi Minisztérium
Szkolnokovics-Simon Szilvia	Eötvös Loránd Tudományegyetem Természettudományi Kar, Földrajztudományi és Földtudományi Intézet
Németh József	Észak-dunántúli Vízügyi Igazgatóság
Lőrinc Ákos	Észak-Magyarországi Regionális Vízművek Zrt.
Tassonyi Annamária	Észak-magyarországi Vízügyi Igazgatóság
Nagy Dávid	Észak-Zalai Víz- és Csatornamű Zrt.
Vörös Attila	Felelős Élelmiszergyártók Szövetsége
Pump Judit	Felsőbbfokú Tanulmányok Intézete (IFT) (Kőszeg)
Veres József	Felső-Tisza-vidéki Vízügyi Igazgatóság
Csörnyei Géza	Fővárosi Vízművek Zrt.
Eötvös Pál Árpád	Gárdony Város Önkormányzata
Écsi Zsanett	Gárdony Város Önkormányzata
Vaszkó Csaba	Green Policy Center
Danyik Tibor	Herman Ottó Intézet Nonprofit Kft.
Sasvári Szilárd	Heves Megyei Vízmű Zrt.

Cservák Ferenc	HEXUM Földgáz Zrt.
Szabó Brigitta	HUN-REN Közgazdaság- és Regionális Tudományi Kutatóközpont
Takó Szabolcs	Jász-Nagykun-Szolnok Vármegyei Közgyűlés
Laki György	Kajárpéc Község Önkormányzata
Szigeti Tamás	Kalocsa Térségi Öntözési Közösség
Sitányi László	Kék Bolygó Klímavédelmi Alapítvány
Toldi Csaba	Kiskunok a Vízért Egyesület
Hadászi László	KITE Zrt.
Kovács Lajos	Klímabarát Települések Szövetsége
Markó Csaba	Környezetvédelmi Szolgáltatók és Gyártók Szövetsége
Horváth Angéla	Közép-dunántúli Vízügyi Igazgatóság
Harsányi Gábor	Közép-Tisza-vidéki Vízügyi Igazgatóság
Váci Melinda	Közép-Tisza-vidéki Vízügyi Igazgatóság
Czene Zsolt	Közigazgatási és Területfejlesztési Minisztérium
Kivés Zoltán	Közigazgatási és Területfejlesztési Minisztérium
Oroszi Viktor	Külgazdasági és Külügyminisztérium
Rácz Tibor	Magyar Agrár- és Élettudományi Egyetem
Szegi Tamás András	Magyar Agrár- és Élettudományi Egyetem
Bozán Csaba	Magyar Agrár- és Élettudományi Egyetem
Juhász Istvánné	Magyar Biztosítók Szövetsége
Kerékgyártó Csaba	Magyar Biztosítók Szövetsége
Tass Enikő	Magyar Energetikai és Közmű-szabályozási Hivatal
Konkoly Márta	Magyar Energetikai és Közmű-szabályozási Hivatal
Somlyódy Balázs	Magyar Hidrológiai Társaság
Lenkei Tünde	Magyar Könnyűipari Szövetség
Jancsó Béla	Magyar Mérnöki Kamara, Vízgazdálkodási és Vízépítési Tagozat
Pető Péter	Magyar Natúrpark Szövetség
Molnár Kata	Magyar Nemzeti Bank
Jókuthy Laura	Magyar Nemzeti Bank
Szabó Csaba	Magyar Vegyipari Szövetség
Szalóki Szilvia	Magyar Víz- és Szennyvíztechnikai Szövetség
Patkó Gergely	Magyar Víziközmű Szövetség
Lugosi Beáta	Magyarországi Éghajlatvédelmi Szövetség
Schindler-Kormos Eleonóra	Megyei Önkormányzatok Országos Szövetsége
Tóth Pál	MVM, Paksi Atomerőmű Zrt.
Kun Zoltán	Nagy Tavak és Vizes Élőhelyek Szövetsége
Tasnádi Gabriella	Nemzeti Agrárgazdasági Kamara
Szólláth Tibor	Nemzeti Agrárgazdasági Kamara Hajdú-Bihar vármegye
Selmeczi Pál János	Nemzeti Alkalmazkodási Központ
Hefler József	Nemzeti Élelmiszerlánc-biztonsági Hivatal, Mezőgazdasági Genetikai Erőforrások Igazgatóság
Pálvölgyi Tamás	Nemzeti Közszolgálati Egyetem, Víz- és Környezetpolitikai Tanszék
Vargha Márta	Nemzeti Népegészségügyi és Gyógyszerészeti Központ
Páldy Anna	Nemzeti Népegészségügyi és Gyógyszerészeti Központ
Vargha Márta	Nemzeti Népegészségügyi és Gyógyszerészeti Központ
Kovács Ádám	Nemzetközi Duna-védelmi Bizottság
Hőgyész Anna	Nestlé Hungária Kft.
Gaál Róbert	Nyugat-dunántúli Vízügyi Igazgatóság
Devecseri Mátyás	Országos Vízügyi Főigazgatóság
Gacsályi József	Országos Vízügyi Főigazgatóság
Kovács Péter	Országos Vízügyi Főigazgatóság

Wolf Péter	Pest Vármegye Önkormányzat
Galamb István	Pest Vármegyei Kormányhivatal, Természetvédelmi Osztály
Tordai Sándor	Püspökszilágy Község Önkormányzata
Sánta Gizella	Ruzsa Község Önkormányzata
Szira István	Siófok Város Önkormányzata
Konkoly-Gyuró Éva	Soproni Egyetem
Fancsik Tamás	Szabályozott Tevékenységek Felügyeleti Hatósága
Balogh Péter	Szövetség az Élő Tiszáért
Németh Mónika	Természet-Alapú Megoldások Magyarországi Hálózata
Nádasi György	Tiszántúli Területi Vízgazdálkodási Tanács, Tisztántúli Vízügyi Igazgatóság
Magyar-Ábel Ágnes	Víz Koalíció – Civil Kollégium Alapítvány
Homoki Andrea	Víz Koalíció - Civil Kollégium Alapítvány
Balla Iván	Vízgazdálkodási Társulatok Országos Szövetsége
Marozs Ágnes	Vízőrzők
Fürjes-Gábor József	Vízügyi Közszolgáltatási Dolgozók Szakszervezeti Szövetsége
Balogh Péter	Vízválasztó Mozgalom
Farkas Viktor Mátyás	WWF Magyarország Alapítvány

www.ingramcontent.com/pod-product-compliance
Lightning Source LLC
LaVergne TN
LVHW082042051026
849532LV00011B/3445
* 9 7 8 9 2 6 4 3 6 5 0 5 6 *